U0391336

新场古镇

历史文化名镇的保护与传承

阮仪三 袁菲 葛亮◎著

東方出版中心
中国出版集团

序

继江南水乡六镇（周庄、同里、甪直、西塘、南浔、乌镇）得到初步保护，并在有的古镇的保护取得明显成效后，我的关注转向了上海郊区的古镇，它们与周庄、同里等古镇都处于同一地理和人文环境之中，有类似的形态和历史背景。新场古镇位于上海原南汇县，稍许偏离了上海市区，所以到了2000年以后还保持着它原有的历史风貌，比上海的其他历史古镇显得更为原真和纯朴。它有独特的上海郊区风情：唐代还是一片海塘，宋代时开拓为盐场，新场就是新设的收购海盐的场署。

到了近代上海发展了，成了繁华的大都会，新场就变为老浦东的“旧”场了。然而俗话说，姜是老的辣，酒是陈的香。大概在20世纪80年代末，我到新场踏察，真是被它的风貌所迷住了，特别是新场大街后市河那一段的布局形态：沿大街是店面，店铺后面就是老宅，有好几家留有完整典型的江南民居精致的仪门楼，黑漆木门，红漆题的门联，砖雕门楼上有门额题字，这是古式的；第二进却是学上海市区里石库门的式样，是上海时髦的装饰，中间堂屋两边厢房内天井，长条玻璃落地门窗，堂屋的地坪是马赛克铺的；第三进是后堂屋、灶披间，老式的灶头，灶墙上画着灶花，屋后有扇后门，连着一座石板桥，跨过后市河，是自家的花园或者菜圃。一条大街一家连着一家，都是相仿的格局，这就是当年乡镇上小康之家安适恬静的生活写照。

我在后市河边徜徉，看着一座座小桥，一个个水埠，老民居斑驳的墙头上开着老式的木窗，一层两层，瓦屋顶、马头墙，一边是花园和菜圃，春去秋来，细柳拂水，花木争辉，一户挨着一户，花园连着花园，绵延数百米长，这片美景真令我流连忘返了。我曾想，一定要好好地保住它，再好好地整修，这段前店后宅后花园，肯定是江南水乡里最富有特色和最美的景致了。我兴奋地对当时当地的村镇领导说，要好好保护住这朵水乡奇葩。可惜的是他们没能理解保护和发展的道理。过几年去看，在这个地段上逐渐盖起了新房子，河还在，花园菜地全消失了，只剩了沿河几株垂柳依旧……

新场有序的保护比较晚，是在2003年才开始进行的，由我主持，具体是袁菲博士主要负责。一届一届的古镇领导换了好几回，每届领导都有一些新的想法和动作。我的原则是切实保住古镇的历史风貌，确定了的保护原则不能变，古建筑要整治，但一定要遵循遗产保护所拟定的原则，特别是"原真性"的原则。但即便是这样，也还是顶不住要弃旧建新的习惯势力。譬如南山寺，相关负责人就瞒着我们修了个假古董，把原来小巧玲珑、乡土味十足的小庙拆了，用现代材料和结构造了个金碧辉煌的大庙，庙里筹到大钱，这样一来香火就旺了，就能赚到更多的钱。我们提出的保护要求，他们不认可。其实原来我们的规划也考虑到庙的发展与扩大，解决的途径是新旧分开，但我们的保护规划在当时的约束力太弱了，根本起不到控制的作用，可惜的是后人再也见不到那种富有浓郁乡土味的寺庙了。不过新场2003年的保护规划也产生过重要作用：2002年按区里交通规划，有条大马路要从古镇中部横贯而过，且已获得城镇总体规划的批准，我们紧急启动了申报调整道路走向的程序，通过我的在市规划局任职的学生们的斡旋，改变了规划道路，保住了古镇的完整。2005年以后各地房地产业兴起，新场也造了不少新房子。我们的古镇规划考虑到古镇一定要有水乡的环境氛围，并留有今后发展或重现盐场场景的余地，在古镇东南留有一片农田保护区，规定不能做建设用地。但就是这块地，历届的古镇领导以及上级有关部门多次试图在这里开发房地产，有的把方案也做好了，并有专门的说客来找我，我就是咬牙不松口。

我们要为新场古镇留住水乡的环境，怕的是保护理念顶不住经济发展的巨大压力。关键还是人们的意识，古镇的价值和保护还不为人们所重视。

这本书我们着重于表述新场古镇的保护规划技术层面的内容，特别是尽量把我们的保护理念和规划意图表达出来，对历年来古镇风貌的保护和整治成效也有一个交代和检阅。介绍新场的书已出版过几本，本书偏重保护规划和实践，也是对我们十多年来工作的小结。大部分方案由我谋划，袁菲负责具体设计操作，坚守了十余年。我的做法就是做了规划，跟踪实践，盯住不松手。为此，袁菲也挨了不少白眼，听过许多刺耳的非议。这些我们都顶住了。葛亮也参与了大量的规划设计工作，拍摄记录了许多古镇变迁的实景，春夏秋冬，晴雨风霜，一次又一次……

新场古镇也有不少实施保护的干部，他们都诚心诚意希望保护这个优秀的历史古镇，有时也顶不住某些层面的压力，无奈得很。但没有古镇这些同志的努力，新场也许就会沦落成一般的毫无特色的乡镇了。

阮仪三

2013 年 11 月 30 日

发现新场

（前言）

在公元10世纪以前，东海之滨的一片沙洲，叫石笋滩的地方，人们在这里挖沟引咸潮，兴灶煮海盐，逐渐形成为一处市集繁盛的老盐场，在宋代称为“下沙盐场”。宋建炎年间（1127—1130）两浙盐运司署迁到下沙，元初又迁至下沙的新盐场，一些随宋室南渡的氏族和江南县府的商号也相继迁于此，“新场”日益兴旺。自此，在黄浦江畔的上海，逐渐形成了一个“因盐而起”的特殊市镇——新场镇。

明清以降，海滩东移，陆地拓展，盐田逐渐消失，而那些盐民的后裔们却顽强地生息繁衍下来，由此这块土地逐渐形成鱼米之乡，商业逐步发达，行号日趋齐全，成为上海东南部地区的重要经济文化中心。加之地处江南，气候温润，河网纵横，丰富的物产和浓郁的水乡风情，造就了一个既有海滨古盐文化的特殊文化地理特征，又有江南水乡典型特色的城镇形态风貌的新场镇。

明、清两代市镇建设的演绎，为镇上留下“十三牌楼九环龙”的历史遗构和“小小新场赛苏州”的美誉。民国以后，上海城市发展迅速，西风日渐，许多现代建筑科技的引入，使上海的城市风貌为之大变，并逐渐影响到乡间，一些时髦的装饰材料和手法也在新场出现，卷草山花、窗拱门券、彩色玻璃……新场不仅有浦东乡下典型的“绞圈房子”，还有极具代表性的上海石库门房子，而中西合璧的建筑装饰艺术更是形式多样、丰富多变。纵观新场古镇，从历史久远的沙洲渔村、滨海盐场，到古代水乡市镇，乃至近代历史城镇……一路变迁，生动记录并展现了上海地区原住居民的全部生活形态和物质积淀。它那庭院深深的老宅、浓荫掩映的市河、勾连宅园的私桥、风格各异的水园、原生态的田园果林……无不折射出古镇独特的韵味儿，体现着江南人家和谐共生的理念！

可以说，新场古镇是体现上海成陆与发展的重要载体，是近代上海传统城镇演变的缩影，是上海老浦东原住居民生活的真实画卷，是历史和文化在这块土地上的完美融合！

目录

第二章

保护传承 / 55

第三章

古镇今貌 / 99

第一章 新场览胜

新场史称“石笋滩”，又名“石笋里”，位于上海市浦东原南汇地区，现属浦东新区，是一座因盐而兴、面向大海的江南水乡古镇。

古镇现今尚保留有明清风貌建筑 70 余处，雕花门头 100 余座，马鞍水桥古石驳岸 1000 多米，南北长街 2000 多米，是上海地区少有的保存完整的传统水乡。

2

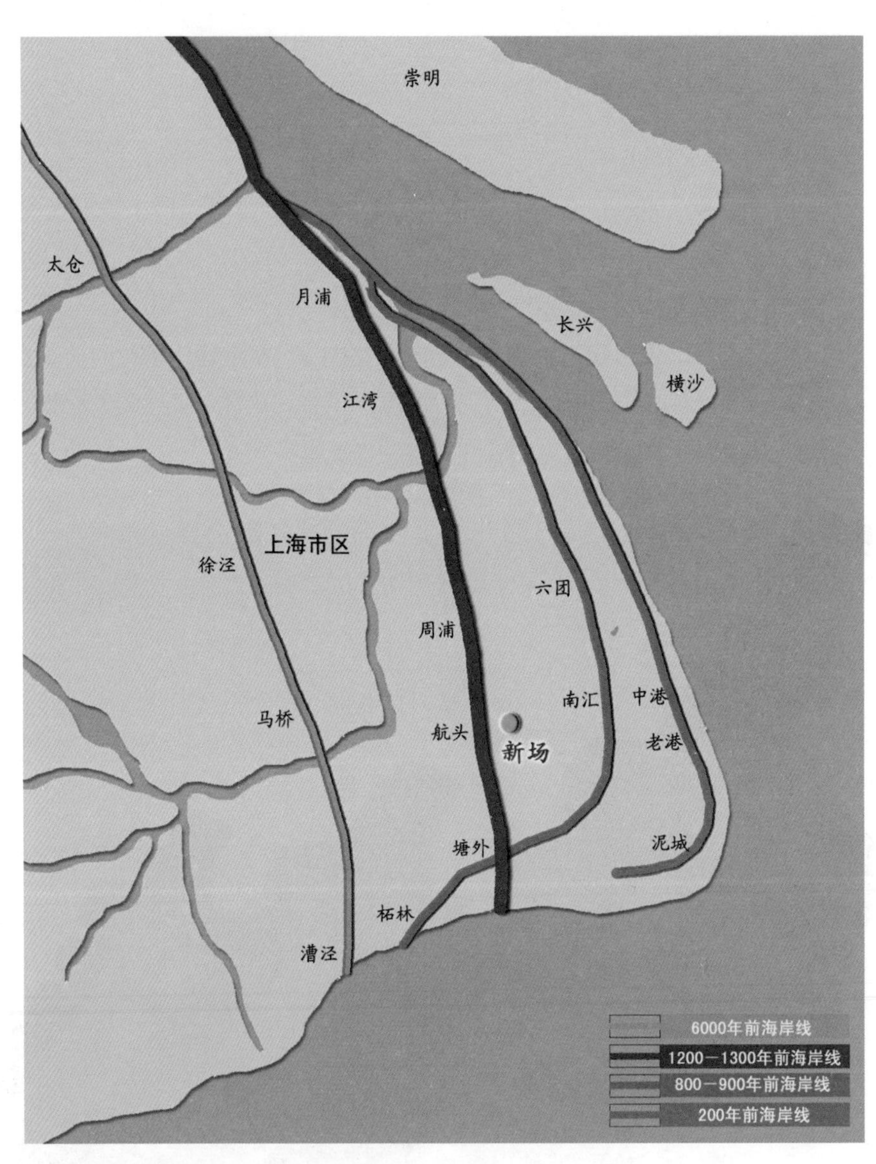

上海的海塘与海岸变迁

一、盐场 • 渔村 • 老浦东 ——历史溯源

从唐末的渔村，到宋元的盐场，再到明清的市镇，新场在浦东大地的海侵海退中孕育，在吴越先民的勤劳智慧中成长，在煮海熬波的古代海盐文化中繁盛。

1. 因水成邑——古吴越地理文化

生息相关的水文化

新场地处吴越之地，面临大海，又位于河网密布的长江流域，水与新场人的生产生活密不可分：临水而居的聚落形式、以舟代步的出行方式、农业垦植的水利兴建、龙舟竞渡的文化娱乐……树荫下河埠头边是洗菜、洗衣、挑水、拉家常的好去处，清清小河上有船娘的吴侬软语，满载蔬果河鲜的船只荡悠悠地赶往岸边的水市……水于新场已不仅仅是纯自然景观，而是人居环境中不可或缺的生活场景和文化景观。

放任不羁的古吴越文化

吴越之地在历史上经历了从土著先民骁勇善战的地域天性，到秦代大一统的稳定安和，及至南唐偏安、文人南迁与玄学的兴起。故社会文化中既有崇尚勇武的粗犷剽悍，也有醉心文墨的纤细柔婉；既有质朴豪放，也有奢华狂荡；既有冷静度世，亦有追功近利。

在这样的地域文化中孕育的新场，处处体现着这种放任不羁的地域社会文化特征：如社会礼俗的多面性，饮食生活的大众化，以及无所不包的广泛适应性。在聚居环境的营造方面，则体现出因地制宜、灵秀多变的水乡景观和不拘一格的建筑形式。

善于歌咏的吴人民风

吴越之民自古就喜爱歌唱自己的风土，唐代即有“吴声清婉”之说。据传勾践夫人入吴时所唱的“哭歌”演化至今就成为了现在浦东地区所广传的“哭嫁歌”。从源远流长的吴歌越调到流传至今的江南民歌，传唱出江南婉约的民俗和劳动者聪慧热情的心性，也为新场留下了丰富的民间说

唱艺术。太保书最初作为一种类道场形式的神巫、民俗仪式，专门说唱民间故事、神话传奇，其形成地点就在原南汇下沙。在不断的艺术实践过程中，吸取了评话的说表、钹子书的表演形式、宣卷的音乐、民间武术的开打场面，渐而形成一种独特的、有着鲜明地域特点的民间文化——锣鼓书。

与海争地的先民智慧

据《吴中水利书》，上海处在以太湖为中心的碟形洼地东缘，常有水患；而沿海之地又常有旱灾，于是人工开凿纵浦以通于江，又于浦之东西为横塘以分其势，而畿布之。纵浦横塘，圩圩相接，使水行于外，田成于内，并设堰闸调节水位，使高田不旱，低田不涝。这种为抗御水灾和围垦滩涂所开创的以浚河、围圩、置闸为主要内容的塘浦圩田建设，是劳动人民发

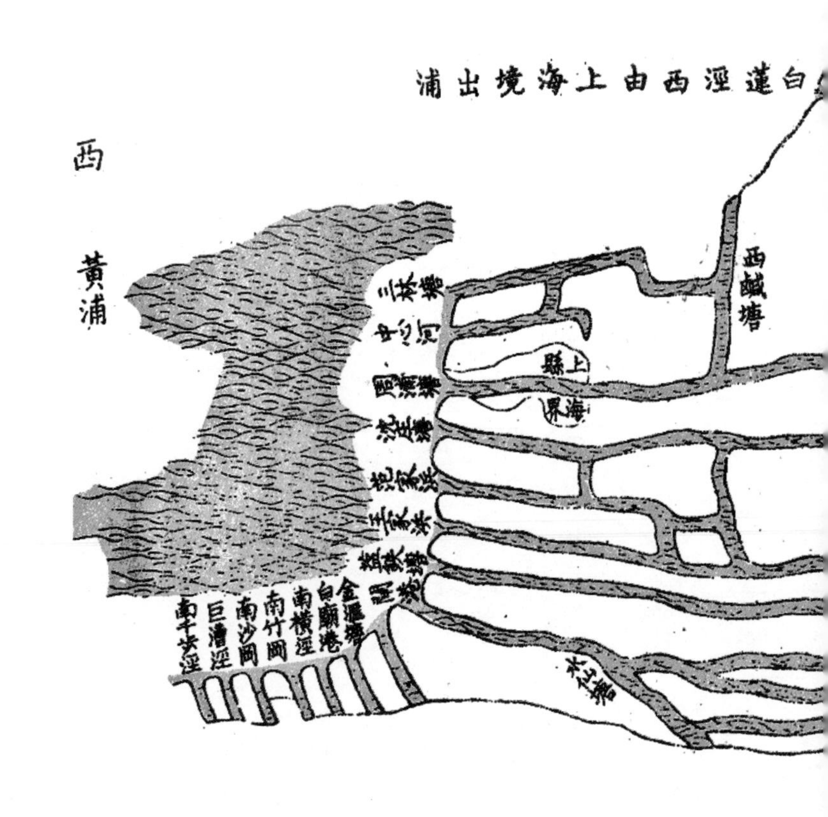

原南汇县水利图（图片选自《南汇县水利志》1998）

扬人定胜天的信念所取得的伟大成就，“既非天生，亦非地出，又非神话，皆是人力所为”。上海浦东人民，受海浪咸潮的侵袭，兴修圩塘的难度远远超过河湖地区，其贡献也比其他地区更为突出。后为抵抗海潮所兴筑的海塘也大多基于圩塘而建（在沿海和河口段，因受海潮冲击而修筑的海堤、江堤，统称海塘。太湖流域的江南海塘是我国最伟大的水利工程之一）。

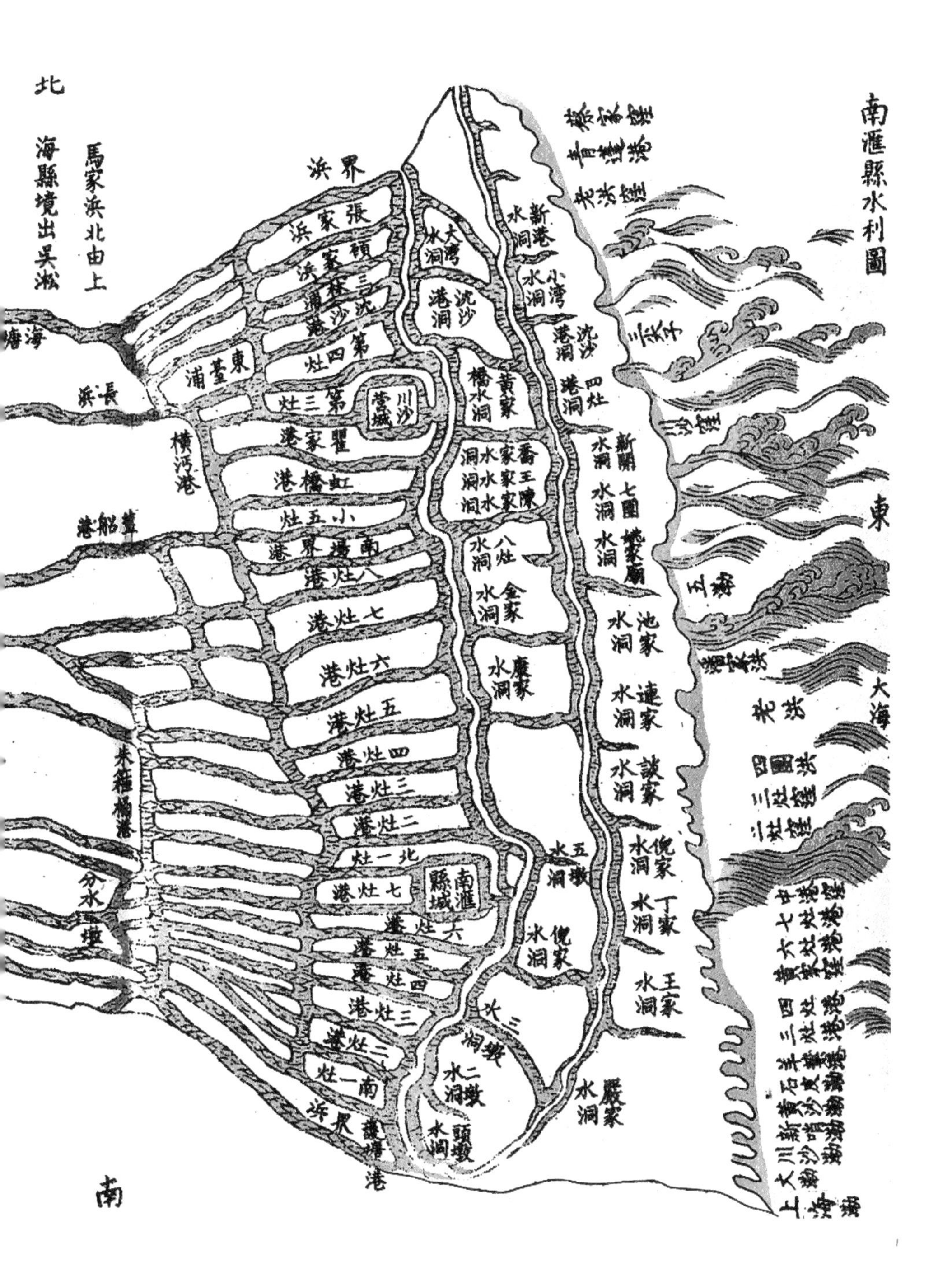

上海浦东地区的海塘便是江南海塘的重要组成部分，并反映了上海地区海岸线不断变迁的历史，在保障上海地区经济发展、围垦滩涂、围海造田以及军事安全方面都起了重要作用。现在沿海各地为圈围新涨滩涂亦使用此法。新场便是在这样海侵海退、与海争地的过程中形成发展，受到古代先民圩田水利与捍海塘伟大工程的庇护。

2. 因盐兴镇 —— 宋元明清盐文化

浦东地区成陆之初即为盐场，境内河道的形成，往往与煮盐、航运有关。煮盐须开沟漕引咸潮，随着滩涂不断东延，盐灶也随之外移，于是对原来引咸潮的沟渠疏浚加深以运盐，久之成为川港。随着盐业衰落、农业渐起，这些原来为盐业服务的沟漕便成为灌溉交通作用的大小河道。

水利图中南北纵向的大多是沟通水道的运盐河，东西横向的一般是引导海潮进入的灶门港，如新场镇上现在的洪桥港、包桥港就曾经分别是六灶港和五灶港，今老护塘以东地区便是宋代华亭县五大盐场之一的“下沙盐场”。明正统年间，下沙盐场盐区成片，炉灶密布，下沙、新场、周浦因设立了盐司盐场驻地而市面繁荣，沿海的一团（大团）、八团、四团（团，古代盐业生产单位之一，场下设团，团下设灶）等镇也应运而成为浦东名镇。

说到盐场，不得不提及新场名称的由来。

新场，古称“石笋滩”，又叫“石笋里”，由于海滩延伸而形成，在原南汇县城西南 12 公里。宋建炎年间下沙盐场设有两浙盐运司署，后因海滩东移而迁盐场于石笋里，成为下沙南场，相对原来的下沙盐场而言是新

就海引潮

扒扫聚灰

各团房舍

日收散盐

元代下沙使陈椿《熬波图咏》摘选

的盐场，故得今名“新场”。一时盐运兴盛、市井繁华，长达2000多米的老街南通北达，商贾辐辏，店铺林立，茶楼酒肆繁华。药号、当铺、绸布店、棉花厂、烟纸店、米庄、酱园、书场、南货店、北货店不一而举。民间即有“十三牌楼九环龙，小小新场赛苏州”之谣（“九环龙”是指镇上有9座拱桥）。

在宋元明清海盐文化的兴衰史中，新场古镇以宋代下沙南场而始；至元代煮盐业极盛，有陈椿《熬波图咏》传世；明代海水变淡，盐业衰落；及至清道光年间（1821—1850），盐场全部停产，城镇的发展也随着盐业发展而兴衰。不同的是，当万亩盐田已变为沧海桑田，当盐河灶港成为市河沟渠之时，市贾云集虽不再复现，而小巷千家、街屋毗邻的古镇却延续至今。

3. 因商嬗变 —— 海派与乡土融合

在封建专制主义制度、自给自足的小农经济体制和闭关锁国的外交政策下，古代上海是远离黄河文明的乡野边陲。1000多年前，现在的上海市区仅是吴淞江下游一条支流（上海浦）边上供渔民、盐民喝酒歇息的小集市——上海务。若是没有古代浦东生机勃勃的渔业和盐业，没有从事盐业和渔业的浦东人民，或许就没有上海务今天的发展。

明末以后随着长江出海口向东南移动，浦东沿海盐水变淡，盐业渐衰，明末清初渐停止煮盐。盐业贸易的衰落和近代开埠通商航运的发展，使得传统商业经济逐渐向浦西的上海务转移。曾经是万亩盐田、市肆林立的浦东地区，由于盐田土壤含沙碱较重，土质疏松，适宜种植棉花，转而成为重要的棉花产区，并带动纺织业兴盛，自此浦东逐渐由全国重要的海盐产区转化为家家种棉、户户机杼的小农经济文化区；而近代史中的上海浦西则成为几千年华夏黄土文明与大洋彼岸西方文明交锋的最前沿阵地，孕育出独具特色的“海派文化”，及至今天，上海已成为中国最具现代化的大都市。

包桥港复原想象图局部

在浦西近代海派文化的强势冲击下，新场古镇逐渐笼罩上了近代上海（浦西老城厢）社会生活的特征：经济生活商业化，文化生活开放化，社会生活阶层化，追求时尚，勇于创新等。这种城市商业文化同原本以自然经济为基础的农业文化和田园情趣的生活方式，虽具有完全不同的价值取向，却与新场融洽地结合在了一起：街河之交是市声喧闹，长街尽头是田园小舍；石库门里有精雕细作，绞圈房子可洗衣晒谷；四合天井里彩色玻璃闪耀，南北正厅铺着马赛克拼花；桥头茶楼上说书弹唱，河边老虎灶里闲话家常……

在新场——
古的、新的；
雅的，俗的；
中式的，西式的；
精湛的、朴拙的……
都是那么自然地融合在一起，令人赞叹！

我们有幸欣赏到居住在新场镇的老画家根据多名老人的共同回忆绘制出的包桥港廊棚长卷，这也成为我们之后进行包桥港街廊修复的重要依据之一。

二、小桥•流水•人家 ——市镇风貌

如果把古镇的历史建成环境看作一个有机体的话，市镇格局就是它的骨架，建构筑物就是充实这副骨架的血肉，而人文景观则是反映这个有机体思想情感的灵魂。

从城镇建设的物质形态和环境上看，新场古镇拥有视野辽阔的田园和一望无际的果林，又有街河相依、房屋毗邻的传统城镇景观；再看建构筑物的构造特征，屋架结构是传统的木构瓦檐，建筑组合是多进围合院落布局，街坊形态是街河相依的江南水乡格局；然而门侧的柱式、窗上的尖拱圆拱、墙檐的山花卷草纹，以及进口的彩色玻璃马赛克，无不处处透露出崇洋求新的潜意识。

1. 古镇格局 ——水陆双行街河汇

田园环抱，与绿相亲

在新场古镇周边，大面积的桃林、稻田、菜园、杉林护卫着古镇，滋养着古镇，这与当下大多数知名江南水乡古镇周边充斥着商业开发和楼宇环绕的场景相比，迥然不同。在上海郊区能留存这样处于田园环抱中的水乡古镇，实属不易。不仅如此，镇里也是处处绿意盎然，百年古木和参天大树点缀在巷坊间；河岸边、屋檐下，竹园苇丛随处可见；天井内绿篱成荫，花木争妍。在新场，粉墙黛瓦是时时处处都掩映在绿色中的。

依水而居，因河设市

新场古镇所在是江南水乡之地，河网密布，人们依水而居，因水成镇。古镇外围有东横港和大治河（大治河开凿于1977—1979年，是上海地区重要的内河航道之一，东横港则承担了与临近乡镇的水运交通）。镇内有东西向的包桥港、洪桥港（这两条河港是由古代盐业生产的灶门港演变而来的），加上沟通南北的后市河，形成“两横一纵”的水道格局。原来在镇北还有一条衙前港，相传是因为位于古代盐运衙署门前而得名的，由于沪南公路的开通，与古镇水系阻隔而渐趋干涸了。与后市河平行的新场大街是古镇最主要的街道，在这河与街之间分布的是密密匝匝的水乡住家，沿街设店，临水而居，成为纵贯古镇南北的主脊梁。包桥港和洪桥港分别位于古镇一南一北，与后市河和新场大街垂直相交。北端的洪桥港沿岸原先住着古镇上显赫的大户，出入有洪东洪西街和洪桥下塘街，是静谧的生活性街河；南端的包桥港则是以前行号货栈集聚之处，因河设市、夹岸为街，上有廊棚遮蔽风雨，是热闹的商贸运输街河。

整个古镇便是在这样“水边住、水上行”的生活交往模式下，沿着这3条河道和相应的临水街道慢慢发展繁荣起来的。

沿包桥港是古镇历史上极有活力的河市场所。这里因河设市、夹岸为街，沿街尽布仓栈行号。每家铺面都在店前街道上架设棚屋，以遮风雨，一排相连，形成廊棚，方便人们的通行，形成了特有的交流空间，另一方面也反映出当地人民的公德心。如今虽然这些廊棚大多拆除，所存寥寥，但曾经廊棚蜿蜒、河市热闹的景象仍然为镇上的老人们津津乐道。

依水而居，因河设市的新场古镇布局

橋

江南民居，木构群落

新场古镇具有典型的江南水乡街坊格局：街道与河道平行发展，依河设市，夹岸为街，店铺和民居一字排开；临河沿街人家楼下开店，楼上住人；前街后河的住家因水陆两便，大多建筑密集；大户人家常兼占街道两侧用地，临河以店铺仓库为主，另一边则前店后宅，穿斗式木构架、小青瓦坡屋檐，整体风貌和谐统一。

镇上的深宅大院集中分布在洪桥港至包桥港之间的老街两侧，曾经店铺云集，是古镇历史上最为热闹的地段。街上住户有殷实人家，有书香门第，有世袭官宦。

静谧的洪桥街

新场大街271弄“张厅”（现为区级文物保护单位）的临街店面二进腰门仪门门扇上有朱漆墨文浅雕八字：“曲江养鸽，京洛传钩”。“曲江养鸽”，是指唐代诗人张九龄（韶州曲江人，人称“张曲江”）酷爱养鸽；“京洛传钩”，据《搜神记》有张氏鸠飞入怀，得一金钩，自此子孙渐富之说。这张厅仪门上的两句，想必是借用张氏典故，意指门内住着的是张姓人家。①

张厅题字

张厅

①关于“曲江养鸽，京洛传钩”的解释，阮仪三曾在文汇报“笔会”副刊上发表《浦东的新场古镇》一文，后有穆迪、张仁贤二位学者先后在“笔会”的“回音壁”上发表《“传钩”非指佩剑》和《也说新场张宅仪门联》，对上下联的典故予以考证和探讨。可见新场古宅文化深厚、余味犹存，可供今人共同赏鉴。

2. 建筑环境——跨水为园枕水居

新场的传统建筑前沿街、后枕水，往往成片分布，与水乡人们的生活出行紧密联系。这种水乡建筑环境直接反映着这个地方的文化特征，决定着市镇的基本性格，昭示着地域历史背景和人们的生活方式。

古今交融的临水花园

新场最有特色的建筑环境应当属前临新场大街，后跨后市河的那十几户住家。那排宅院是浦东近代历史街区的突出代表，是上海近郊城镇近代发展的文化缩影。

只要细细观察就会发现，这些住宅沿街都是商铺，店后是宅。宅的第一进是中国传统式样，有精美的仪门，砖雕门楼，循规蹈矩的门额题字，是古式；第二进则是中西合璧，有的是花格玻璃窗扉，磨石子或马赛克拼花地面，油漆板壁，楼上一圈是现代花纹的栏杆，是西式；第三进是厨房或下房，有的还留存着农村烧柴火的两眼或三眼灶头，是农家式；打开后门连一座小桥，跨过河去则是一块园地，是花园、菜圃或场地，就着住家的喜欢，这是私家小园，颇有文人隐士的意趣。据老人们回忆，当年的后市河每隔三五步就有一座小桥，行船于其下，犹入暗河，遮阳蔽日。

一边是沿河的宅，一边是花园菜圃，春来秋去，绿柳拂水，奇花争艳，一户挨着一户，一座花园连着一座花园，一气儿绵延几百米，是新场镇上最美丽的地段。

这种住居模式，生动地反映了上海近郊从明清传统文化到近代文化的变迁，又混合着农村的乡土气息。住家充分占据了小河、农田、街市，而创造出富有独特情趣的住宅家园。

极具特色的跨河宅园示意图

各色各样的水桥[1]驳岸

新场古镇是依托两横一纵的市河兴市成街的，水环境成为人们生活的核心。至今保存下来的古石驳岸有1000多米长。这些石驳岸都是用整齐的长方条石砌筑，有些灰白色的应是石灰岩，属于明代的遗物；大部分是黄色的花岗岩，属于清代至民国年间建成。那些颇有资产的富户，大多将宅岸建得坚固齐整，反映了当时工艺的精湛和认真。沿岸各种水埠书写着人与水的联系，直通的、单边的、双边的，老一辈的新场人还形象地称双边水埠为“马鞍水桥”。

河岸的古老条石上有雕刻精美的系船缆石，俗称“牛鼻子”或“船扣”，在这些精湛工艺的点点滴滴中，我们可以感受到水乡人们对水的热爱。

元明清陆续修建的古石驳岸

单边水桥

马鞍水桥

直通水桥

古石驳岸与各式水桥

水桥上的暗八仙雕刻

平扣系船缆石

牛鼻系船缆石

宝瓶系船缆石

石制排水口

精美的“牛鼻子”

①在江浙一带，当地人们常常把沿河的水埠称作“水桥”，如新场人就把双边水埠称作“马鞍水桥”。

水乡情浓的石桥石坊

“十三牌楼九环龙[①]，小小新场赛苏州[②]”——这是历史上人们对新场镇牌坊林立、桥梁(特别是拱桥)众多的水乡商埠风貌的传唱之词。明代的“世科坊”、“三世二品坊”，曾经是寓居古镇名宦之家功名的佐证，可惜历经“文革”破坏只剩残壁断垣。从元代至清代，古镇先后建有10多座石拱桥，散布于闹市大街和庙宇乡下，形态秀美，与古镇内外的众多水系相得益彰。

原址重建的“三世二品坊”

① “环龙”是新场人对石制拱桥生动形象的称谓。

②宋元以来，苏州平江府便是知名的繁华商市，而当时的上海还是名不见经传的小小渔村，因此该民谣只拿新场与苏州相比。

河畔民居

3. 人居空间 —— 粉墙黛瓦好怡情

清新适用的普通民居

新场的普通民居建筑多为一至两进，以一层为主，偶有两层建筑，朴素简洁，没有过多的装饰。合院型民居第一进常沿街布置，院落中有采光天井，也是家庭劳作和晾晒的主要场所；第二进后部有时设狭长的后天井，以利通风，居民多喜种植花木。相邻人家用封火山墙或巷道相隔，以利防火。单进民居多远离主街，位于田间河畔，布局自由、疏朗，无定式。

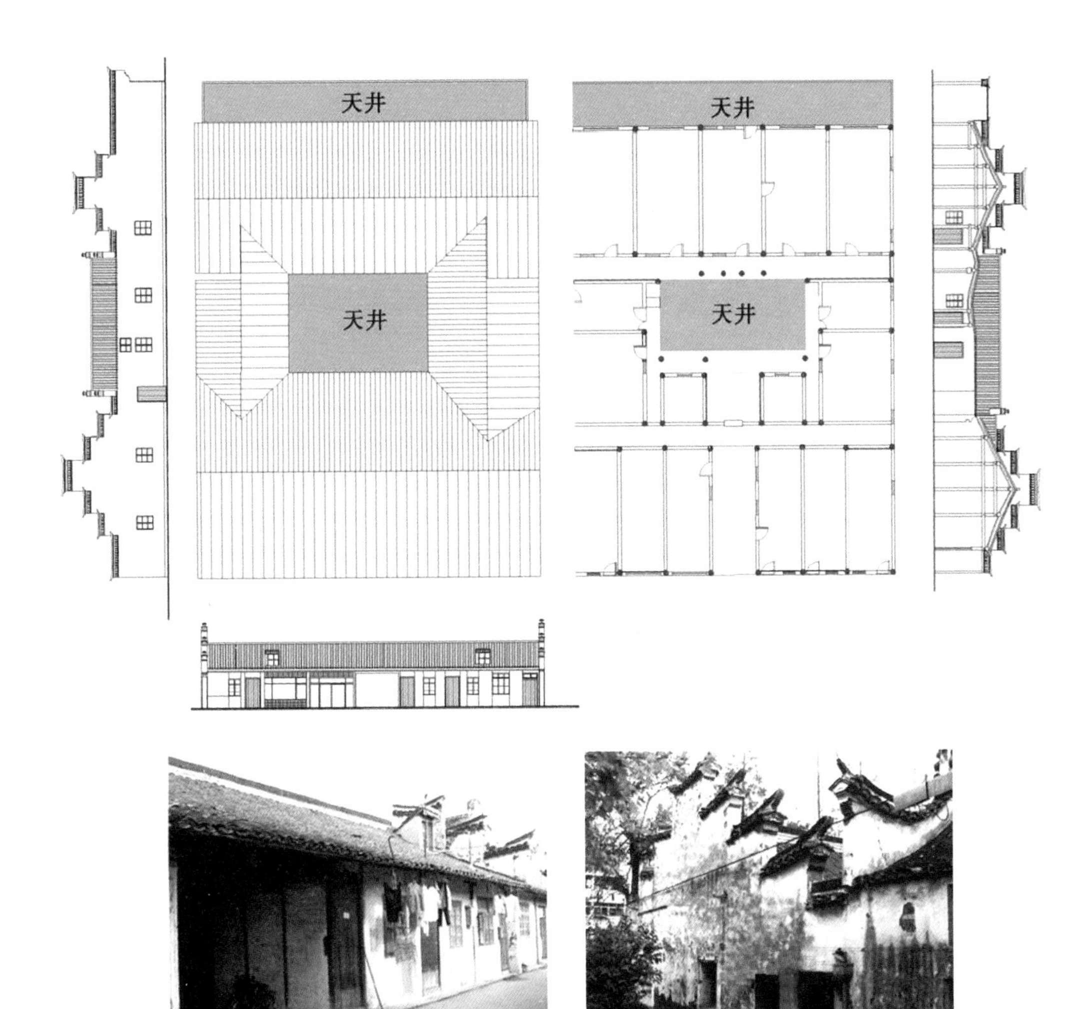

洪西街 120 号——典型的院落式民居

高墙深巷的官贾宅第

明清时期的新场是商贾殷实之户和文儒官宦聚居之处，今保存较完整且达四进以上的大家宅第 20 余处。从留存现状推测，当时寓居此地的商宦文人多达百户，张、叶、朱、王、闽、倪、潘等几大姓氏都有据可查。新场大街中段的两侧正是这些大型宅第集中分布的地带：大街与后市河平行

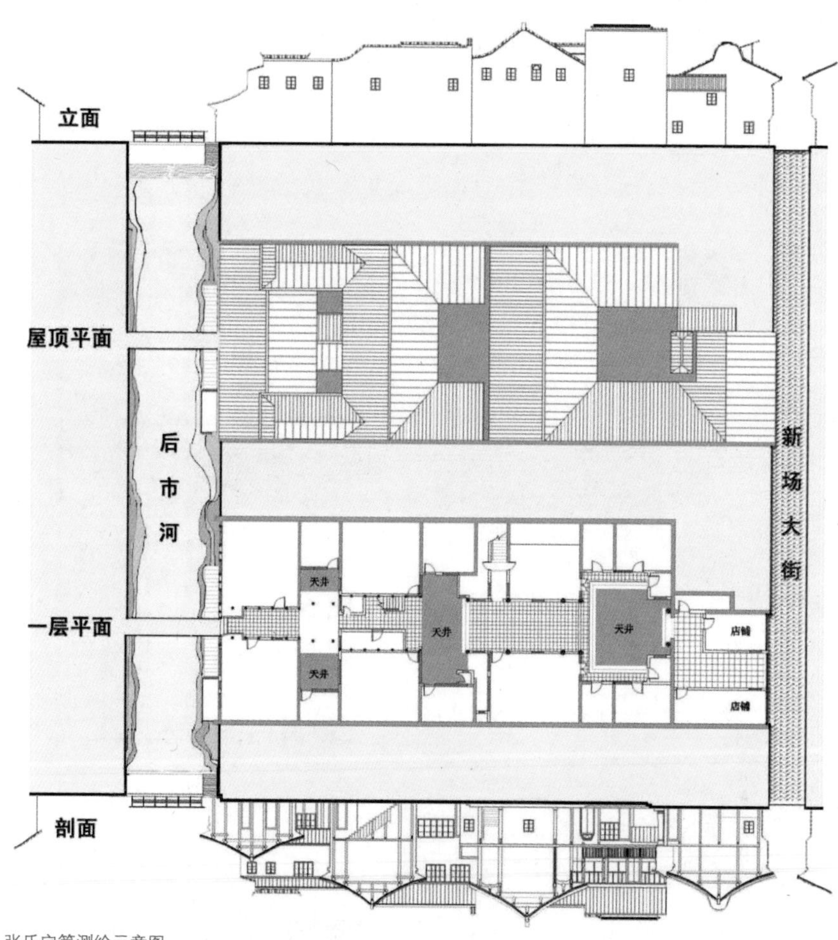

张氏宅第测绘示意图

张氏宅第代表了后市河上典型的前街后河宅邸的布局模式。

且间距保持在40至60米之间，这正好是传统建筑三至五进所需要的深度，有身份地位的人家都纷纷在前街后河各占据三至五间的面宽，既沿街又通河，坐拥水陆两便之宜。临街第一进是商铺，如张氏开设张信昌绸布店，康氏有康泰丰米庄，谢氏有谢渭盛烟纸店等；第二进是接待客人的厅堂，极尽装饰之工，美轮美奂；再后面是主人居室，走马转角、正厢有序；沿

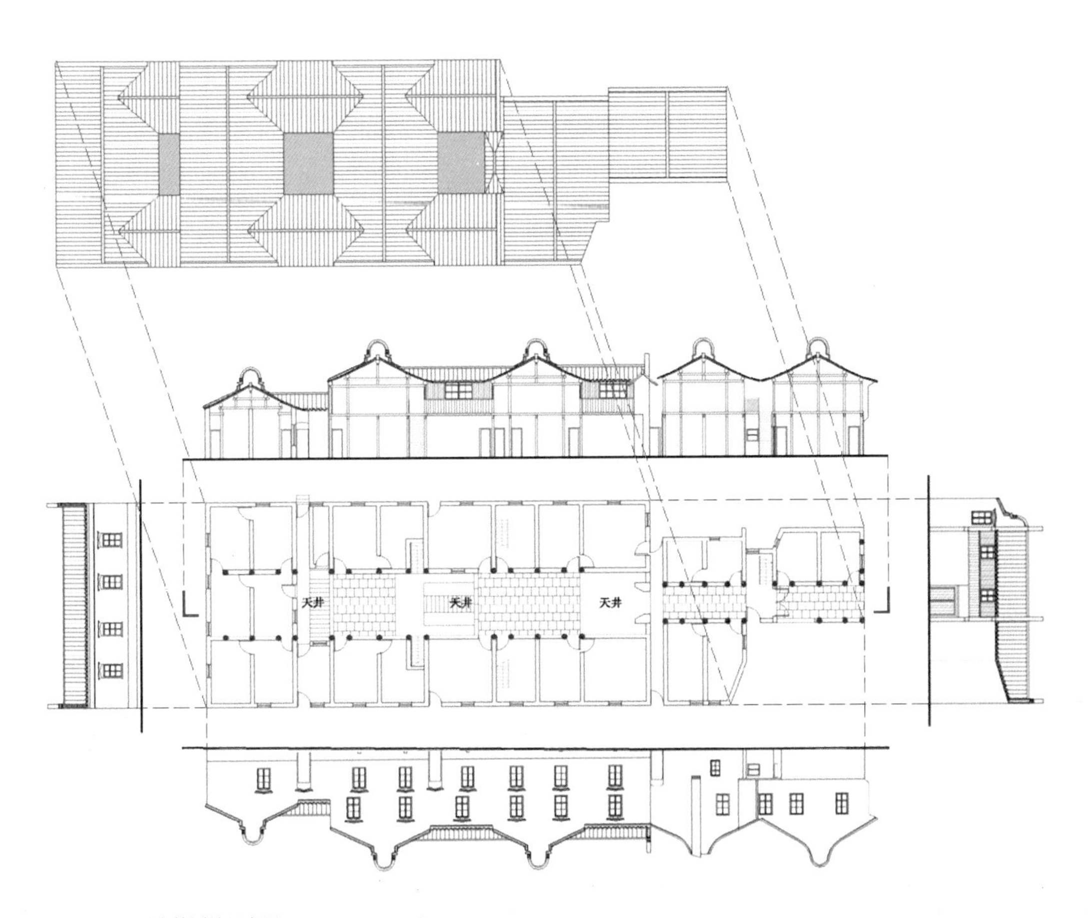

王氏宅第测绘示意图

王正泰宅，民国初期建造，四进天井层层递进，两侧高耸的山墙面上四个连续『观音兜』曲线优美。

形态各异的封火山墙

河的最后部分则是厨房、柴房和仆从住处；河岸边专设的私用水埠头，供运送物资和水路进出；跨河架设轻巧的便桥，通向河对岸的花房园圃或私家小花园。整座建筑前有街后有河，多建造成二至三层的合院式小楼，户户相依，一眼望去山墙起伏、屋面毗邻，尤具水乡韵味！

为了防火，每户人家之间用高高的封火山墙相隔，或是五山、七山的马头墙，或是曲线优美的观音兜，也有用护卫严整的一字云圜墙环绕围合的。每隔两三户人家还设有长长窄窄的小巷通至河边，并设有公用的水埠头，方便街对面不临河的人家取水运货之需。

宅第中每一进院落都由正房和侧厢构成，有的正房旁有廊庑，天井里有花坊、水井，厅堂的落地长窗可以拆卸，夏日里便可以风凉许多。厅堂正对仪门，是整座建筑装饰的重彩之处，这种装饰的偏好来源于江南重商却不愿露富的心态：各家沿街面的店铺简洁朴素、样式均一，以至很难从街道立面分辨出每一户的房产归属；而进入天井，精美的装饰才显山露水，

朴素的店铺门脸

富于装饰的内天井

从檐板到门窗、栏杆，无不经过工匠的巧思营造。

前后的院落间通过雕饰精美的仪门相连，打开门是一进进庭院的深宅大户，关上门是自家私幽的静谧居所。仪门——是中国传统宗族礼教的象征，现在古镇里保留下来的砖雕仪门还有近百个，贴墙式、屋宇式、独立式、楼阁式，堪称江南仪门博物馆。

各式砖雕仪门楼

中西合璧的建筑装饰

上海是近代西方文化传入中国的最前沿阵地，不仅老城厢里西风渐行，就连偏居乡野的新场也摆脱不了这种时髦建筑风的影响：有的是一小幢纯西式建筑杂处于一群传统民居，更多的是在一幢建筑里，采用中式的构架手法，却装饰着西方的典型柱式、线脚、涡卷等，还有那些漂洋过海进口来的建筑材料，在新场的几个大户中，也可窥见一斑。

从日本进口的马赛克拼花地面，历经百年风雨仍分毫未损。如今住在其中的张氏后裔还颇为自豪地告诉我们，这地上的马赛克和外滩荷兰银行用的是完全一样的！可见当时装修的规格非同一般。顶棚并不同于传统的『彻上露明造』，而是加做了吊平顶和套方的线脚，在当时是颇为摩登的。

张厅的马赛克拼花地砖

张厅的天花板装修

吴仁勇宅的长窗上，还较为完整地保存着古老的蛎壳。将巨大的海蛎壳磨平整形，嵌在满天星的窗格里，即可挡风又能透光，就是古代的『玻璃』，却因材料珍贵、做工费时，远非一般人家能够用得起的。

古老的蛎壳窗

张厅二楼窗扇上安装的彩色玻璃亦是舶来之品。

色彩斑斓的玻璃窗

旋木栏杆——李锦伯宅

江南古宅中铸铁栏杆的优美曲线和连续的韵律，很有些西方小阳台的感觉。

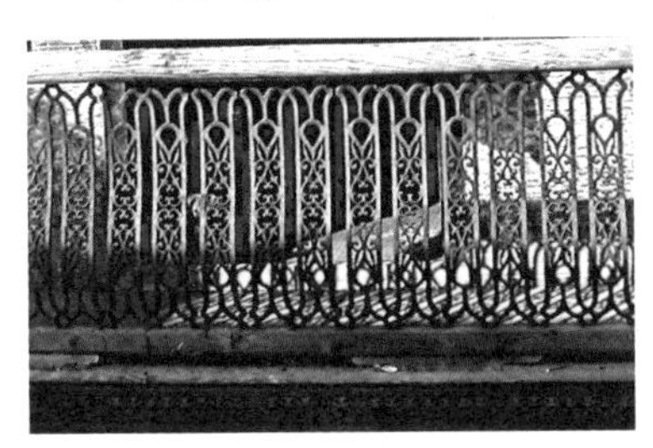

铸铁栏杆——郑少云宅

旋木栏杆是清末民初木材加工工具机械化发展的典型产物，并在这些富户的大宅院中最先得以露脸。

水门汀（水泥）刻画地面

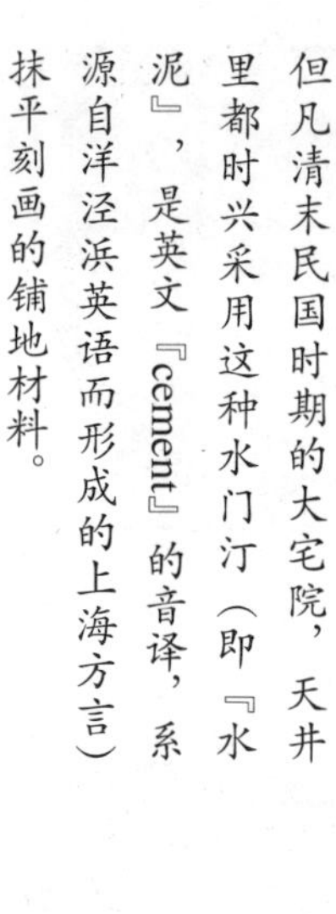

但凡清末民国时期的大宅院，天井里都时兴采用这种水门汀（即『水泥』，是英文『cement』的音译，系源自洋泾浜英语而形成的上海方言）抹平刻画的铺地材料。

在新场，有最古老的蛎壳窗，也有镶嵌在几何窗格中的彩色玻璃；室内有江南传统建筑典型的彻上露明造①，也有西式的天花和吊顶；有抬梁式、穿斗式的中式承重落架，也有柱式与拱券结合的西方构造体系；厅堂里有进口马赛克的拼花地板，也有明代古朴的斜铺方砖；天井中有时兴的水门汀（水泥）刻花地面，也有别致的小青砖拼花。传统的八字仪门上雕刻的是西式的山花卷草，天井里的落地长窗却用上了西式的几何窗格，立贴柱式与连续拱券窗上托起的是一色的木阁楼。

南洋烟草公司的券形窗

①彻上露明造，指在室内顶部不作天花，让构造完全暴露出来，并对各个构件作适当的装饰处理。这种做法在江南雨水较多地区多见，可使屋顶构架干燥通风，不易朽坏。

一方水土养一方人，每个地方都有自己的风情。新场经历了明清至民国以至于现代的演变，它紧靠着繁盛的上海，在镇上既有传统民居典型的深院大宅，又有上海石库门式的老屋；既有传统的雕花仪门楼，也有马赛克铺地和彩色玻璃窗扇；房后有花园、菜圃、小桥流水、马鞍水埠……演绎出有别于其他江南古镇的古今交汇、城乡交融的独特景色和别样风情。

这些数量众多形色各异的建筑，共同构筑了新场这一海边江南小镇的完整意象。它的跨河宅院、它的枕水住居、它的廊棚河市……勾勒出的是一幅海派江南水乡的典型风貌。

它继承了江南水乡的旖旎清丽，又呈现了滨海小镇的朴素纯真……

城乡交融的古镇独特景色

南山古寺

南山

三、市井 • 乡土 • 风物 —— 社会文化

从社会文化和民俗传统上看，新场古镇不仅有家族聚居、划地为营的小农社会宗法社群结构，也有商贾贩夫、工匠艺人的市井众生相。

新场的社会人文环境，从日常生活、起居习惯，到民俗艺术、民间文化，都透露出一个极其有趣的现象，那就是：商民共融、各得其乐。

1. 市井——茶棚酒肆灯火红

街河交汇聚人气

市井文化是在大街小巷、书肆戏园、茶楼酒馆的市民生活中产生的一种生活方式和价值观，是一种通俗性的综合文化，常常表现为：集镇中货物商品充足，经济繁华，民生富裕，饭店、菜馆、烟纸店、杂货摊、澡堂子、水井、菜场、集市遍布，等等。

江南地区在中国的封建王朝统治时期长久处于中原文化集权掌控的边缘，传统经济生活方式相对平稳，节奏缓慢，因而市镇商贸和社交活动较为发达，并主要集中在桥头河埠街心的茶园、书场、酒楼、商铺中。水路与陆路的转换点，即市河与主街相交汇处，人流最为密集，茶园、酒楼、饭庄、客栈相继营建，传统城镇的商业消闲娱乐中心便逐渐形成了。

因南北跨度长，新场古镇形成了分别以洪桥堍和包桥堍为中心的一南一北两个市镇中心。

临街踞水好营生

在新场，为本地居民服务的小商品零售业和日常服务业多占据新场大街的主街面，形成家家户户临街开店的胜景；供应周边乡镇需求的大宗货品批发行号多位于包桥港两侧的街廊之后，以利水运之便；手艺工匠的家庭作坊集中在洪桥港两侧，方便取水与交通；书场茶园、酒楼饭庄、客栈浴堂等公共消闲娱乐场所则乐于分布在主街与市河交汇处，方便招徕过往商客。

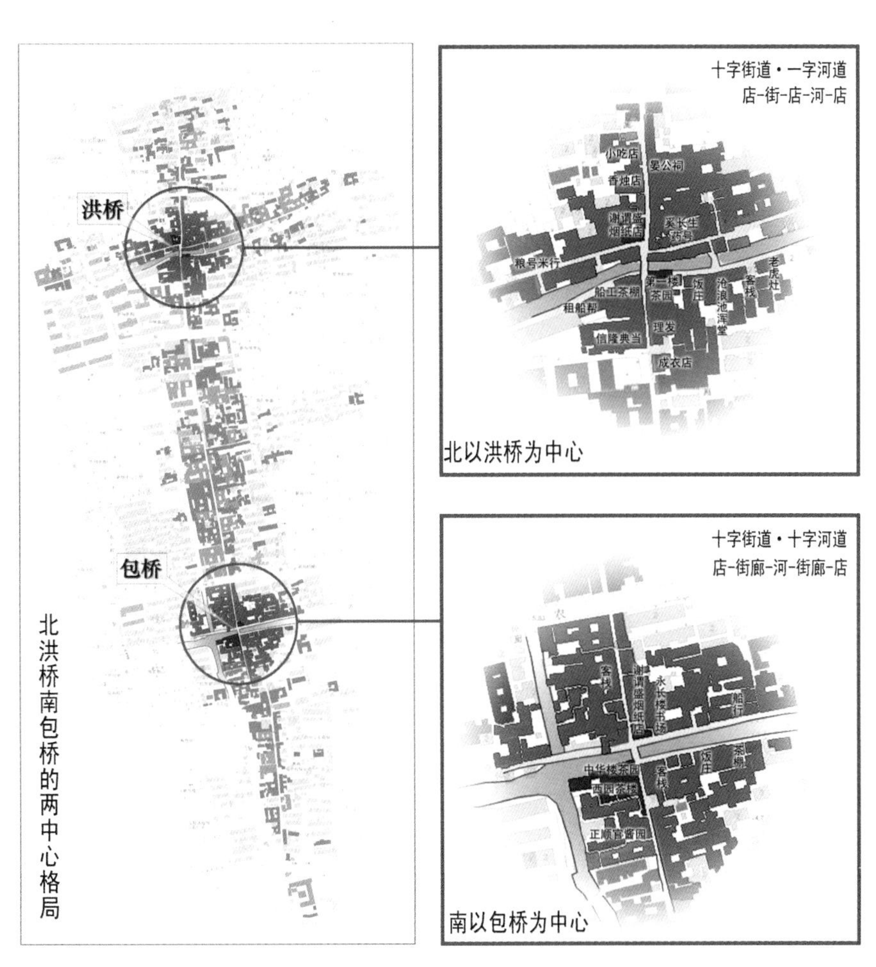
洪桥
包桥
北洪桥南包桥的两中心格局
十字街道·一字河道
店-街-店-河-店
北以洪桥为中心
十字街道·十字河道
店-街廊-河-街廊-店
南以包桥为中心

新场古镇传统商业中心

新场的传统商业建筑形式具有典型的江南水乡特征：采用前店后居或下店上居的沿街排布，有些店后是作坊，主要是一些手工制作的糕点、食品、铁木家什等。店铺大都排布在南北走向的新场大街两侧，且沿大街中段最为稠密，北段和南段渐趋疏落。沿街立面齐整，二层开窗，底层采用可脱卸门板，以最大可能地面向街道开展交易。

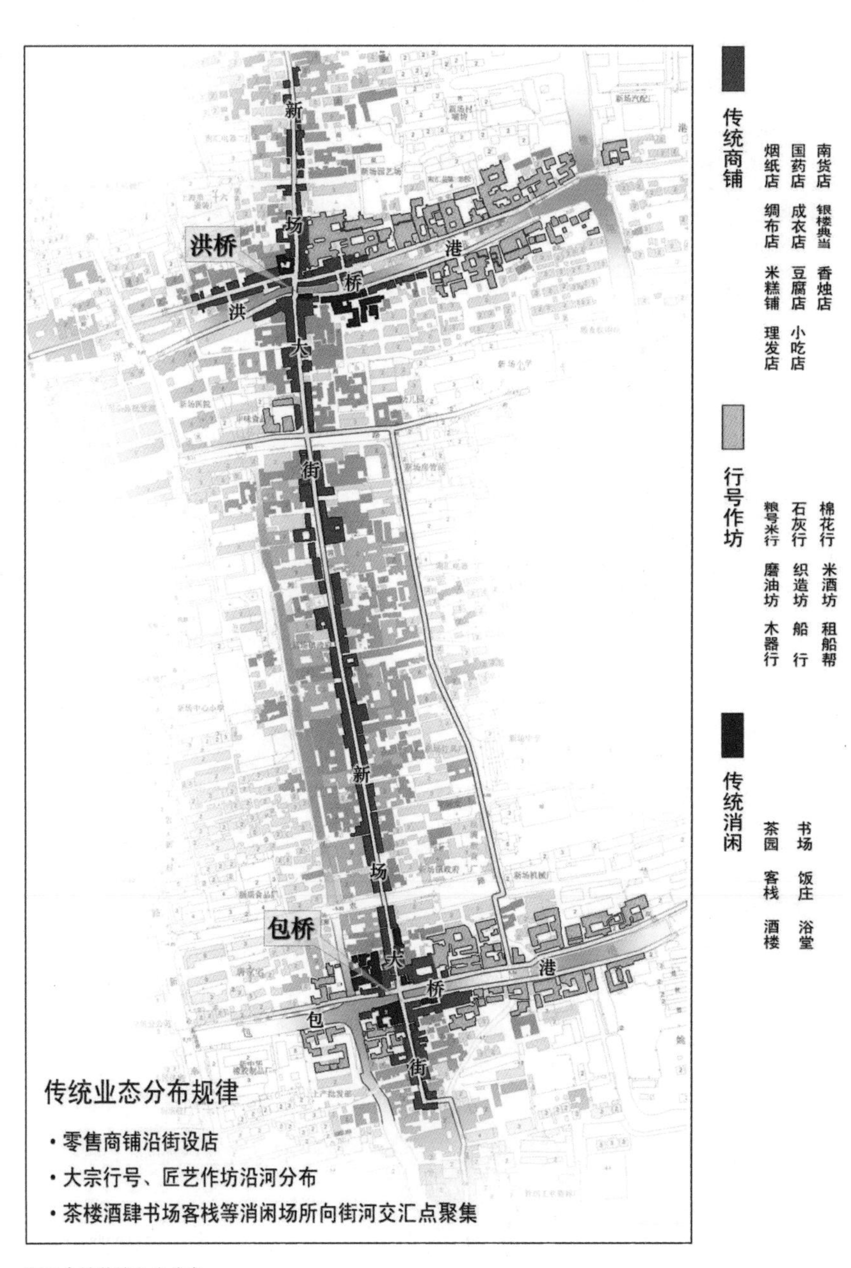

新场古镇传统业态分布

茶楼酱园商铺忙

江南地区的传统茶楼往往分布在最热闹的人流密集地段，如桥头路口等人们频繁出入之处，是城镇最主要的公共交流场所，歌舞说唱、饮酒品茗、饭后闲谈都在这里进行，也成为文化交流和民间消息传播的中心。

据《新场镇志》记载，新场古镇在20世纪20、30年代就有茶馆多达18家。今人可指者有：西园、渭泉园、四美园、东园、第一楼、三万昌、祥园、清明园、中华楼、永长楼等。其中“第一楼”一直营业至今，是全镇老人最爱光顾的公共场所。

这些书场茶园大都位于大街和市河交汇的商业中心地段，如位于洪桥堍的“第一楼”和位于包桥堍的“中华楼”。这些茶楼建筑都以特有的歇山顶和超越周边建筑的高度宣告着自己在城镇生活中的突出地位。

茶楼酱园

依然保留着说书传统的“第一楼”

修缮后的『第一楼』舒适和高档了许多，却依然保留着说书先生定期赶场的习俗。每人交2元的听书钱，就可以在茶馆里坐上一个下午，茶馆则免费提供茶水，只赚人气不赚钱。

水市街市多便利

江南地区水市发达，人们将货品放在船上，菜农带来新鲜的蔬菜，渔民满载鲜活的鱼虾，岸边则是等待易货的买主，甚至还保留了以物易物的古老传统。包桥港两岸小街尽修廊棚，正是为这种水市交易提供阴晴两不误的便利。

随着公路贯通，陆路交通更为方便、快捷，水市逐渐远离人们的生活。而黄昏时刻的街头菜摊却让我们重新拾回当年水市的悠悠记忆。

2. 乡土——几家篱落傍溪居

如果说娱乐消闲是市井文化的标志，那么田园之美则是农业文明的象征。乡土文化源于中国传统礼俗社会的文化根基，它是基于血缘和地缘关系，由家族、村落、集镇等群体单元所构成的乡里社会，长期固守着直观、质朴、真切的价值观念和道德风尚。

农耕社会的家族聚居

浦东的农耕地区，同族聚居现象普遍，地名中常出现姓氏。“宅”是村落名中最常见的，如“王家宅”等；而河流的凸岸多以“嘴”命名，如“陆家嘴”等；河流凹岸多以“湾”命名，如“王家湾”等；四周被河流包围则以“圈”命名，如“袁家圈”等。

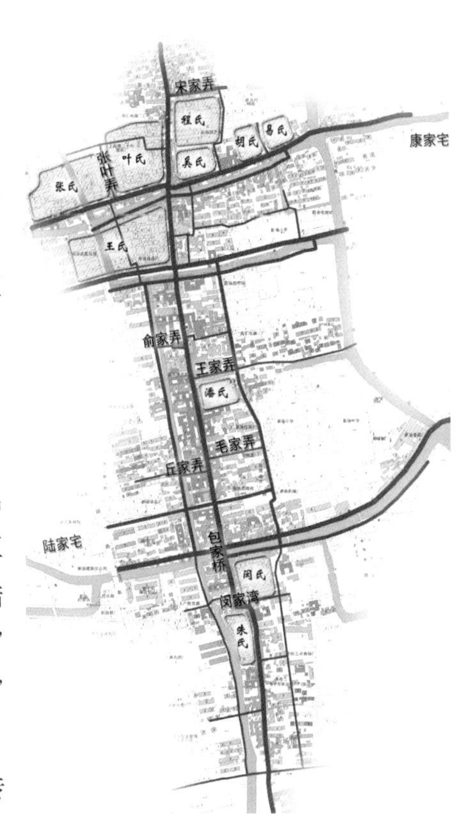

新场古镇传统家族聚居模式

新场古镇不但保留了以家族姓氏为地名的传统，至今居民的分布仍然呈现出家族聚居的特点，尤以洪桥街为最。张氏、叶氏、程氏等为本乡望族，“张叶弄”名称由来的掌故[①]正是家族兴旺的佐证。

---

①明朝年间，洪西街上房屋多为张、叶两姓大户所建，东属叶姓，西属张姓，中间只一弄之隔，有人称“张叶弄”，有人称“叶张弄”。当时两家均有人在朝中且官高显赫，为使自家姓氏位于巷名之先，两家纷纷赠给路人肉面、铜板，并不断加码。久而久之，称“张叶弄”者居多。

乡民社会的多神崇拜

出于“免灾祈福”和“修证来世”的精神需要，乡里社会形成了有神必敬、多多益善的信条，这是中国民众对各种正统宗教和民间诸神的融化性信仰心理和崇拜行为。

古镇上不仅有众多中国传统的佛教、道教建筑，各种民间信仰的庙宇也为数不少。

元代的北山寺、南山寺，明代的青龙庙、白虎庙，清代的东岳庙，民国的清静禅寺，镇北的城隍庙，镇南的杨社庙，民间的吃素婆婆庙，木匠行业供奉祖师的鲁班阁，保佑海运航船平安的晏公祠等不胜列举。基督教建筑耶稣堂则反映

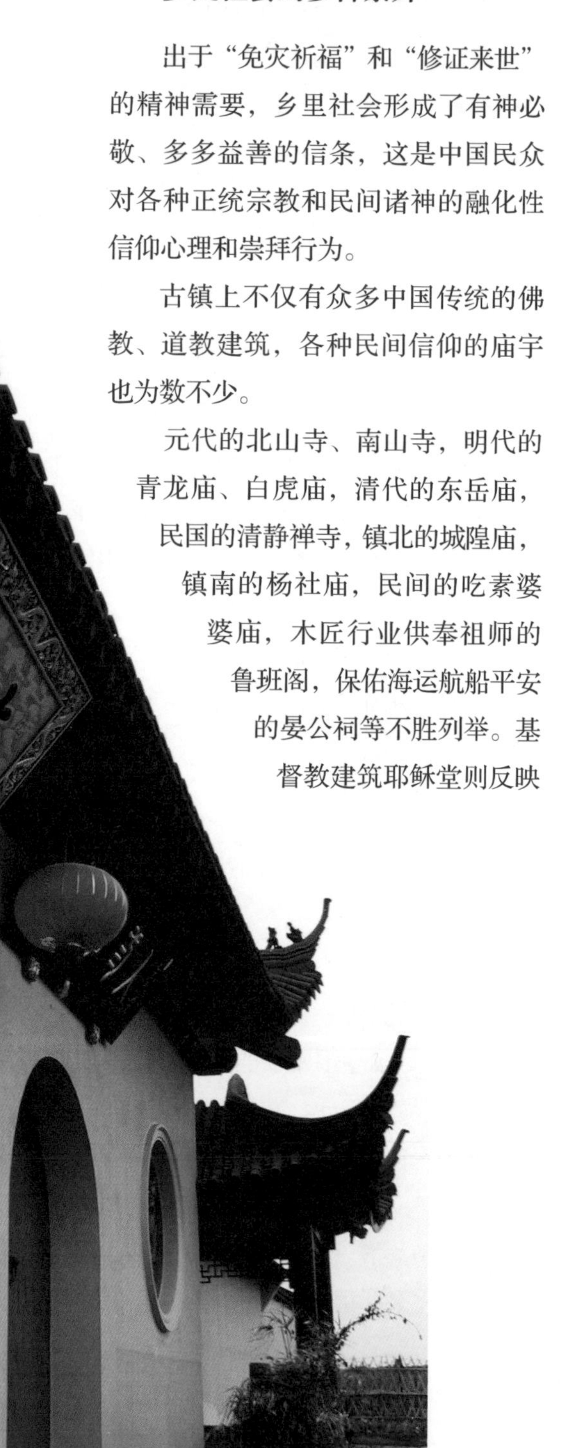

南山古寺一景

了新场人对外来宗教文化的包容和接纳。

孵茶馆与老虎灶

浦东市镇茶馆很多，一般都设有方桌、长凳、茶具，供人们饮茶小憩，收费低廉。茶馆中常有艺人说书弹唱，颇能吸引顾客，是人们闲暇休息、社交活动的聚集地。另有一种及其简陋的茶棚，又称“老虎灶”，就是一座烧熟开水的水灶，沿街摆一两张桌子、几个凳子，供人喝茶闲坐，大多为劳动人民歇脚解渴之地。

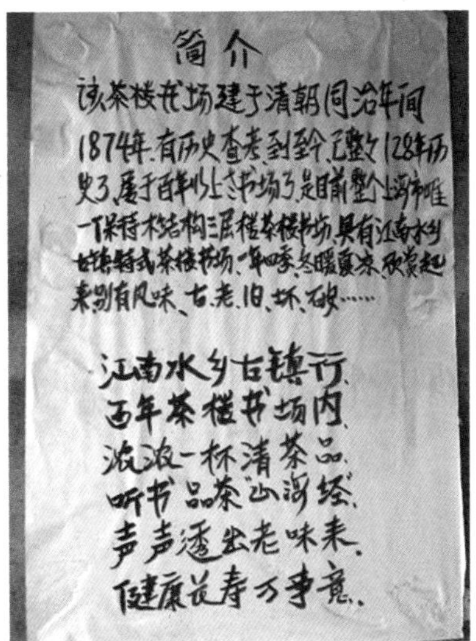

在“第一楼”听书

此照片摄于2003年5月，那时的新场还没有被称作古镇，也没有什么人知晓。在楼下就听到说书声抑扬顿挫，上得楼来看到的情景令人感动：清一色花白头发的老乡们齐刷刷坐着，每个人面前放着自己惯用的茶杯。茶楼的墙上贴着的是老板自己写的『广告』，还有自编的小诗一首，颇有些新场特色。

---

①上海人把上茶馆叫“孵茶馆”，一个“孵”字，道出了身处闹市，为远离喧嚣，而到茶馆暂享清闲的心境。

新场的洪桥堍和包桥堍分别有“第一楼”、“中华楼”茶园，高阁临水，轩窗四敞；而在洪桥街的民居街坊和包桥街沿河廊棚地区，简单的“老虎灶”则随处应需而建。今天的新场人还保留着这种“孵茶馆”①的习惯。上茶馆喝茶（新场称“吃茶”）几乎是全镇居民共同的消遣或爱好。

浦东“老八样”与“二粥一饭”

浦东“老八样”现在看来似乎是些乡间土菜，但在那时的郊区，却是颇有档次的，只在过年或结婚的酒席上才吃得着。这“老八样”有：红烧鲫鱼、扣鸡、走油蹄肉、扣咸肉、三鲜（烩木耳、肉圆、猪脚、爆鱼、焖蛋、冬笋等）、扣三丝（火腿丝、笋丝和鸡丝）、扣羊肉（或大白菜炒肉丝）、肉皮汤。用一色的花边大碗盛起来，煞是好看。

浦东“老八样”

乡土味道十足的灶画

说到日常起居，浦东地区“二粥一饭”的饮食文化不得不提，即早、晚吃粥，中午吃干饭。清代养生学家黄云鹄在《粥谱》中说“粥：一省费，二津润，三味全，四利膈，五易消化。”对现代城市生活的人们来说，食粥可以减少热量的摄入，防止肥胖，也减少了高血压、心脏病、糖尿病等“时髦病”的发病率。因此，这种饮食文化的传承和推广不失为现代人的健康首选。

而厨房的土灶头则是当地人饮食生活的重要器具，土灶头上乡土气息浓郁的灶花最具特色。灶花形成最初是人们为了防止灶围墙皮脱落和减少衣被磨损，在灶沿一周的灶壁上刷以胶矾水调的细黄土或土制色粉，后来一些民间画工把用于宫廷、殿阁、庙宇、楼台的装饰彩绘技艺移植到室内美化装饰方面，在灶壁上敷彩绘图，逐渐形成了民间灶花艺术。“灶花”一般多绘以花卉、水果，以及戏曲故事等，祭献灶神，渴望灶王爷能“上天言好事，回宫降吉祥”，保护全家平安，不生灾难。

江南的灶既讲究实用，又讲究美观。除了灶沿的其他部位都用石灰粉过，用墨线勾出轮廓线，画出种种“灶花”。考究的匠人会在墨汁里加些石青，使画出来的墨线中隐隐透出些青蓝，显得清秀悦目。整个灶头几乎没有直线，即兴式的弧线使灶头既端庄又秀气，加上青蓝相间的灶花，透露出水乡生活的别致秀雅。

3. 风物——村歌社鼓竞喧阗

新场古镇虽然根植于中国传统农耕文化，却在长期江南商市经济的冲击和近代海外文化的渗透中，逐渐走向多元文化的融合，成为一个市镇田园相辉映、市井乡土互融合的传统水乡古镇。

东岳庙会与传统灯会

庙会也称“香市”，俗称“出会”，是传统社会十分普遍的文化现象，江南地区尤甚。庙会一般包括祭祀、迎神、赛会等三种方式，具有求神、买卖、娱乐的功能。

新场的庙会以农历三月廿八的东岳庙会最为热闹，以大旗大锣开道，武术队、托香炉、莲花会、高跷队、清音班、龙凤旗等紧随，最后是轿班抬着泥塑木雕的神像，沿着预定路线前进，接受人们的祭拜。一般延续三天，商贩杂耍，物资交流，历史上年年兴办，长盛不衰。

灯会：20 世纪 30 年代初期，新场灯会盛行，为原南汇之首，各种花灯、龙灯、“台阁灯”名目繁多、刻制细腻。出灯多在庆贺丰收的秋季进行，由南街北街分期进行（一方逢二、五、八日，另一方逢三、六、九日），历时一二月之久，南北两方商号相互竞争，越出越多，越行越盛，出灯队伍长两里之遥，五光十色，宛若游龙，观众人山人海。

锣鼓书与浦东说书

锣鼓书的前身为太保书。最初，作为一种类似道场形式的神巫、民俗仪式，太保书专门说唱民间故事、神话传奇，其形成地点就在原南汇下沙。在不断的艺术实践过程中，锣鼓书又吸取了评话的说表、钹子书的表演形式和宣卷的音乐、民间武术的开打场面，形成了一种独特的、有着鲜明地域特点的民间文化，成为原南汇家喻户晓的民俗文化项目。2004 年 4 月，文化部公布的 29 个国家级民间文化保护项目中，原南汇锣鼓书作为上海唯一入选项目榜上有名，并将新场古镇确定为“锣鼓书”非物质文化的传承基地。

浦东说书发端于清乾隆年间（1736—1795），流行于浦东农村和小集镇，听众多为农民，故又叫“农民书”。浦东说书的形式有两种：只说不唱的大书和有说有唱的小书。艺人多在农村集镇的茶馆书场中用浦东乡语说唱，

2007 年在浦东派琵琶馆举行的首届浦东派琵琶论坛。图为与会者合影

土语连缀，通俗易懂，乡土气息浓郁。

丝竹清音与浦东派琵琶

江南丝竹是流行于江苏南部、上海、浙江西部一带的曲艺形式，乐队以丝弦和竹管乐器为主，至少在 19 世纪 60 年代以前已流行于民间。上海江南丝竹的班社有“清客串”和“丝竹班”（上海郊县有称“清音班”）。所谓“清客串”系人们在业余之暇奏丝弄竹以自娱娱人。参加者来自社会各阶层中的丝竹乐爱好者。“丝竹班”分散在上海郊县，常在婚丧喜庆等场合中演出。

今南派琵琶四大流派（无锡、平湖、崇明、浦东）之一的浦东派琵琶就是从江南丝竹中发展形成的。浦东派琵琶分文套、武套、大曲，文套曲调抒情细腻，武套着重状物，绘声绘形，气势宏伟，大曲熔文武套于一炉，有强有弱，有刚有柔。

民俗文化的南北呼应

由于新场市镇南北跨度较长，在地理上就形成了一南一北两个桥堍的传统商业中心，而各个店铺行号为扩大经营也常在老街南北分别开设商号，以租船为营的新场船帮也分为“南帮”、“北帮”互比高下，于是古镇的

灶花
锣鼓书
打莲湘
迎親
浦东民间风俗
婚嫁

传统民俗文化也因此呈现出南北呼应（或称南北对峙）的特色来，如城隍出巡、接财神、出会、灯会等民俗庆典都体现了这种南北相合相争的意趣。

接财神：在江南市镇中，对财神的礼敬超过了一切不掌财运的大神。春节前后迎财神、祭财神，是仅次于祭祀祖宗的活动。祭财神多在农历正月初五，据说这一天是财神出巡的日子。为了抢先把财神接到家，市井平民，尤其是商贾之家，总是早早把接财神的准备活动做好。年初四一到三更，人们就把备有活鸡、活鲤鱼等供品的供桌安放到街上，接着燃放爆竹、烧纸焚香，匆匆忙忙叩过头之后，就在“财神来了”的喊声中抬着供桌把财神接回家中，并立即把大门关紧，生怕财神又受别人家供品的引诱，起驾他去。这种接财神的方式，实际上是争先恐后地抢，所以“接财神”只是商贾之家附庸风雅的说法，在乡民中就直接称为“抢财神”。每年农历初四，两尊财神偶像分别自庙中被抬上大街巡游，北街金面财神从城隍庙经洪东街入大街，南街白面财神从杨社庙经闵家湾入大街，一南一北分别向中部行进。大街两侧商家在店门前设香案、摆供品、赠红包，恭迎财神。大商号更是争接两尊财神在自己店门前会合，以图发财吉利、富贵高升。

出会：每逢清明、农历七月半、重阳、农历十月初一举行出会活动。杨社庙“昭天侯”和城隍庙“孚惠伯”分别从南北大街向中部巡狩，场面最大时锣鼓开道、偶像出銮、托香拜香、踩高跷、荡湖船、打湘莲、卖盐茶……

商民共赏的说唱艺术

江南传统文化以说唱艺术最盛，这种艺术形式通俗易懂、轻松明快，即使文化水平不高的民众也能欣赏，具有极其大众化的特色。又往往从民众日常生活中吸收了大量俚语俗话融入戏曲语言中，音乐方面也从民歌说唱中吸收大量的俗曲土调。浦东地区广为流传的田歌、锣鼓书、哭嫁歌等，就具有这样大众化、土俗化的特点。在新场古镇，这些说唱艺术仍然活灵活现地流传于民间。

在新场，有钱有闲的阶层喜孵茶馆，渔民、盐丁、船夫、农人则爱光顾老虎灶；富贵人家逢节气喜丧在自家厅堂招班演义，待客吃饭是浦东“老八样”，普通人民则聚众扎堆听打场的锣鼓书，天天以“二粥一饭”为食；民间喜闻乐见的山歌说唱，到了文人那里就加工整理成为竹枝词；渔民农户在庙会庆典上迎神祈福，大家商宦则严格恪守家族祭祀的传统；小康之家以精工的厨间灶花为豪，深宅大院里则好以绣品的精美互比高下……

在新场，这样贫与富的两个阶层，尽管有着共同的生性偏好，却并不苟同模仿或嘲讽排斥，而是分别以自己所及的能力，达到自娱自足的生活享受。这一富一贫，一商一民，一雅一俗，一细腻有秩、一随意朴拙，勾画出一个平静和谐、安适融合的生活画卷。

四、海·盐·市·镇——价值评述

1. 文化特征概括

从现存的自然、人工、人文环境上看，新场古镇的文化特征可概括为：海边盐民生息之地、商宦文人聚居之所、明清市井繁华之镇、宗教文化依存之乡、江南水乡民居之苑。

海边盐民生息之地

新场，原名“石笋滩”，由于海滩延伸而形成，宋元时期两浙盐运司署迁盐场于此，故得今名新场。从此，一代代盐民在这里成家立户，繁衍生息，而使用传统工艺的盐田晒盐场景一直持续到了明代前期，才逐渐荒废。新场古镇现今大多数居民，也都是盐民们的子孙后代，并在一定程度上保持着盐民后裔所特有的文化生活。

商宦文人聚居之所

新场在明清两朝的科举考试中进士举人迭出，现古镇的几大姓氏多为明朝重臣后族，如：张姓、叶姓、朱姓、倪姓等。十三牌楼中的“三世二品坊”、“世科坊”、“赐封坊”即是宗族光耀的佐证。古镇区由于地处盐场与内陆要冲，商业繁华，有众多大商富贾世居于此，现镇内众多大宅院如张厅、叶宅、奚家厅等都是明证。无论为官或经商，新场乡绅都崇文重教、兴办义学、热心公益，一些乡绅更以诗文书画名扬乡里，小小新场英才辈出。

明清市井繁华之镇

从“小小新场赛苏州”这句民谚可以看出明清新场的市井繁华气象。其时长达 2000 多米的老街南通北达，商贾辐辏，店铺林立，药号、当铺、绸布店、棉花厂、烟纸店、米庄、酱园、书场、南货店、北货店不一而足，歌楼酒肆繁华，实为富足之乡、繁华之镇。

宗教文化依存之乡

世俗生活的繁荣，也带来了诸多宗教文化的兴盛。古镇上不仅有众多中国传统的佛教、道教建筑，各种民间信仰的庙宇也为数不少，而基督教建筑耶稣堂则反映出对外来宗教文化的包容。从元代的北山寺、南山寺，到明代的青龙庙、杨社庙直至清代的东岳庙，民国的清静禅寺，小小古镇的十几座寺庙记载着古镇近千年的历史，宗教文化与古镇一起绵延生息，不断发展。

江南水乡民居之苑

新场古镇现有两纵两横的主河道 5000 多米长，从元代至清末保存下来的砖石驳岸 1000 多米，加上民国与建国后陆续修建的驳岸共 6000 多米。沿后市河、洪桥港、包桥港两岸的枕河民居鳞次栉比，处处充溢着水乡悠然的风情。沿南北老街两侧，三进以上的大宅院有 40 余处，重重合院中砖雕仪门近百座，前街后河，户户相依。保存下来的传统民居数量之多、规模之大，在江南水乡中都堪称典范。

2. 历史价值评述

对于上海这样一个多元化的大都市来说，新场是其历史发展和地域文化变迁中的真实见证。

上海成陆与发展的重要载体

新场所在地域是上海海岸生长变迁中的组成部分，是古代上海人民伟大的捍海塘工程建设的前沿阵地，是中国古代海盐生产的重要基地，是集太湖流域圩田水利工程，煮海制盐所开的运盐河、灶门港，以及捍海塘工程三位一体的农耕水利基础建设和海防安全系统的杰出代表。

上海传统城镇演变的生动缩影

纵观现今上海辖区，冈身以西的青浦崧泽文化代表了上海的远古先民文化；而原南汇及新场则反映了冈身以东地区成陆演变过程中的海塘海盐文化以及元明清以来的原住居民文化；以老城厢为核心的浦西地区则保留了近代老城厢文化以及海派文化。

上海历史文化“金三角”

这三个代表上海不同历史阶段的典型地域文化在地理分布上又呈现三角形的布局，因此我们可将上海的历史文化形象地概称为『金三角』结构。新场古镇所承载的历史记忆，是上海历史文化『金三角』中不可或缺的一支，是记录上海传统城镇发展演变的活生生的史书！

上海老浦东原住居民生活的真实画卷

在新场，古镇居民至今保存着生活在古代上海县治内先民的习俗礼仪，这是一种渔猎——农耕——煮盐——市镇的“农→商”自我演化过程，是在一方水土中孕育出的，迥异于浦西老城厢以商业集市为起始的近代市井文化的浦东原住文化。这是一幅上海老浦东原住居民生活的真实画卷！

新场古镇，是一个乡土与市井共融、传统与现代辉映的上海郊区古镇，一个美好田园环抱中的传统市镇，一个海派文化影响下的江南水乡。今天的新场，是古代上海成陆与发展的重要载体，是近代上海传统城镇演变的缩影，是上海老浦东原住居民生活的真实画卷，是以古盐文化为背景，以跨河宅园、枕水住居、廊棚河市的建筑空间及人文环境为特征的海派江南水乡的杰出代表！

新场古镇局部俯瞰

第二章 保护传承

新场古镇在经历从农耕社会到小手工商业社会漫长的自然演进过程中，积累了大量与生活形态息息相关的民间传统文化，并在一代代人的传承和潜移默化中维系和充实着其独特而丰富的水乡空间环境。

如今在国际全球化以及我国加速推进现代化建设和社会制度转型时期，新场古镇正经历着它有始以来最为迅猛的剧变。以旅游业为主的文化遗产经营开发活动，既创造了前所未有的机遇，也带来新的挑战、压力和风险。如何利用这些保护下来的历史环境，尤其是如何进一步使物质环境中蕴涵的文化底蕴进一步显现出它在现代社会生活中的生命力，是新场古镇保护与发展所需要解决的重要课题。

在新场古镇的保护规划中，特别加强了文化研究，提出将物质环境保护整治与文化旅游发展利用紧密结合，形成物质环境留存、社会网络维系、无形文化传承三位一体的文化空间整体性保护。

一、老浦东原住居民文化生态保护区

1. “原住居民保护”概念的提出

新场的历史演变记载着上海浦东地区从唐宋至今陆地生长的过程，是我国古代重要的海盐产区和捍海塘水利工程的见证，并且现存的地域环境特征仍然真实地反映出从古盐田到圩塘垦植，从海边村舍到市井城镇的发展过程。时至今日，这里的居民依然保持着传统的聚落形态和独特的民俗文化艺术。

综观新场：从城镇建设的物质形态和环境上看，这里拥有视野辽阔的田园和一望无际的果林，又有街河相依、房屋毗邻的传统城镇景观；从社会文化和民俗传统上看，这里不仅有家族聚居、划地为营的小农社会宗法社群结构，也有商贾贩夫、工匠艺人的市井众生相。再看建构筑物的构造特征，屋架结构是传统的木构瓦檐，建筑组合是多进围合院落布局，街坊形态是街河相依的正统水乡格局；然而门侧的柱式、窗上的尖拱圆拱、墙檐的山花卷草纹，以及进口的彩色玻璃马赛克，无不处处透露出崇洋求新的潜意识。

在新场设立“上海老浦东原住居民文化生态保护区”是对上海古代浦东原住文化的地域传承，是上海历史文化“金三角”的有力支撑，是上海作为国际化大都市向世界展现东方文化的精彩舞台，是上海实现世界遗产零的突破的重要策略！

原住居民文化生态保护区，其保护的对象是包括原住居民和他们生活环境在内的场所空间、生活方式与传统文化的总和。在对物质环境制订出空间形态组织的合理整治措施之外，更重要的是对历史文脉和社区网络结构的维系，是对社会经济生活各方面的完善和发展。这也是规划的动态性和延续性的重要体现，更是保证保护区持续发展的原真性的关键。

在新场古镇设立的“上海老浦东原住居民文化生态保护区”中，应当做到以下四点：（1）历史环境的规划整治；（2）自然环境的保护控制；（3）现代生活的和谐发展；（4）无形文化的整理传承。前两点强调对既有的文化生存环境，尤其是物质性空间环境的保护；后两点则关注文化本身的传承发展，包括对既存的社会生活网络的延续，和对优秀传统文化的继承与现代新文化的融入。

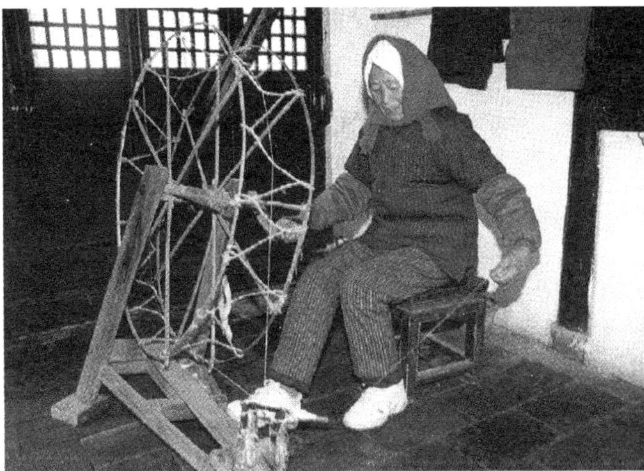

老浦东原住居民生活场景

2. 分段分类的保护方法

根据新场古镇的历史遗存环境，我们将沿新场古镇“两横一纵”的布局结构（东西向洪东、洪西街与洪桥港，南北向新场大街与后市河）上传统风貌最为集中的地段定义为“上海老浦东原住居民文化生态保护区”的核心范围。

根据保护区内各地段的外部空间特征、建构筑物的历史文化价值、现状居民的生活和使用情况，以及根据这些既存条件而作出的保护方式和规划定位，可再分为三个区段：

北段：原住居民传统生活方式保留延续区

北段以洪桥为中心，洪桥港和洪东、洪西街为主线，新场大街北段为辅线。这一地段中，洪东、洪西街与洪桥港呈“街河平行”关系，且与新场大街垂直相交；洪桥堍是整个地段的核心，也是新场镇历史上的传统中心之一；民居建筑以一层为主，建筑院落布局因地随形、规模形式不一；根据历史调查，洪东街曾为家族作坊群落聚集之处。

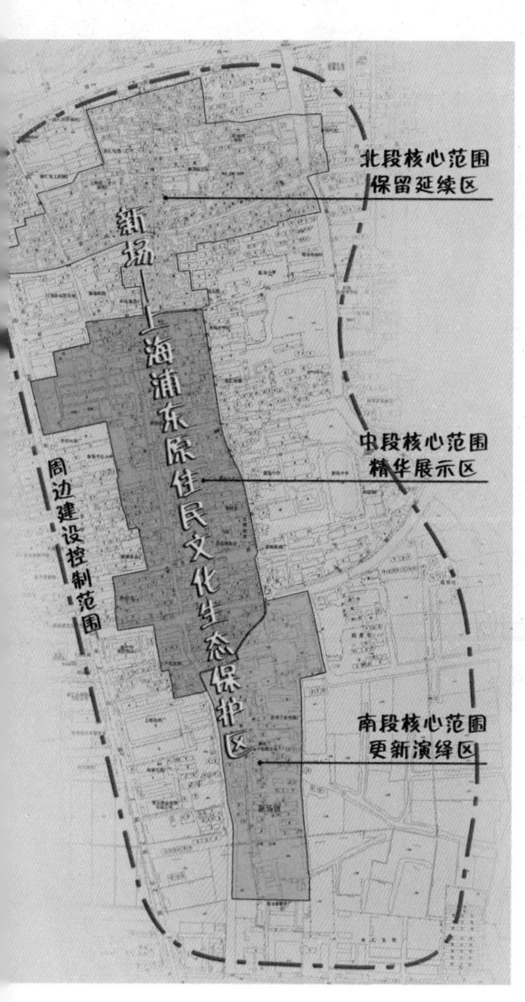

新场古镇保护框架规划图

因此，我们将北段定位为“原住居民丰富多样的生活场景再现区”：油条大饼、馄饨担、汤团店、老虎灶、民居、作坊、茶园、酱园等，构成传统居住街坊和小型家族手工艺作坊群，及洪桥堍居民传统商业文化中心。

保护整治的重点是：内部生活设施的改进（厨卫独用和居住成套化）；建筑外观整治（朴素淡雅的江南民居风貌）；空间格局完善（沿街沿河立面修补、街坊内部公共空间的开辟、街巷系统的梳理、街坊外侧车行辅路的开辟）。文化传承内容有：奚家厅（家族祭祀礼仪与“迎财神”）；城隍庙（“孚惠伯”出巡、庙会、放河灯）；

洪桥堍（书场、药号、烟纸店）；易氏宅（南汇灶花、竹木器作）；第一楼茶园（锣鼓书）等。在社区网络组织上基本保留现有居民，区内微调居住过密的情况。

江南小镇的百姓生活

中段：原住居民传统生活空间精华展示区

中段以新场大街中段以及与之相平行的后市河为主线的带形区域。格局特征突出表现为：由新场大街、东后街和后市河共同构成“两街一河”的街河平行关系；前街后河、沿街设店、宅园临水，跨河私家花园连绵成带；建筑以二至三层居多，院落规整，面宽均一，规模高度相当，马头云圜山墙此起彼伏。

中段定位为“明清殷实人家天井相套的民居建筑群和前街后河的典型水乡格局再现区”。本区内中西合璧的宅院与跨河花园的传统空间布局，堪称上海水乡民居博物馆；而以包桥堍及两岸廊棚水市为核心的镇南传统商业文化中心更昭示了历史上的新场在上海东南地区商业贸易的核心地位。

保护整治主要是加强空间格局的修护（前街后河、隔河花园、宅院相依、建筑齐整、水巷深深的传统空间）和建筑院落修缮；内部设施现代化、信息化（网络接入、消防喷淋）。文化传承内容有：传统民居厅堂建筑群的集中展示；张厅（中西合璧的建筑装饰艺术）；程家厅（顾绣工艺坊）；日照堂（纸扎灯笼坊）；嘉乐堂、庆祉堂（浦东派琵琶、丝竹清音馆）等。在社区组织上鼓励居民逐步外迁，人口向后街两侧的街坊转移，将一些保存较完整的传统宅院逐步置换为浦东传统工艺展示以及民间艺术团体传承演艺的场所。

宅院深深、云墙比邻

南段：原住居民现代生活方式更新演绎区

南段以新场大街闵家湾以南为主线，以南山寺为区域南端的尾声。该段的格局特征为：新场大街与西侧后市河构成街河平行结构，且街河间距向南逐渐缩小；民居建筑规模较小，布局自由松散，外观简单朴素，是由市镇景象向田园风貌转换并融合的地区。

整治措施为：对现存的建成环境进行空间环境的再整合，保持传统街坊的组织和尺度关系，对建筑进行传统风貌的提炼与再设计，积极改善居民的生活质量。文化传承的主要内容有：南山寺（元宵灯会、佛教文化、香讯）、杨社庙（“昭天侯”出巡、迎白面财神、盐傩、社戏）、乔家庵、素农庵、老红庙（祈丰收、民间庙脚）等。在社区组织上应积极开展社区再造，人口容量会比目前扩大，鼓励居民适量迁入。

由北、中、南三部分共同构成的原住居民保护区，应当不仅注重对保护区传统空间的保护，还要尽可能实现对保护区居民现实生活的延续以及各种传统文化和民间技艺的传承。

新场古镇“上海浦东原住居民文化生态保护区”保护框架

	北段 保留延续区	中段 精华展示区	南段 更新演绎区
区域范围	以洪桥为中心，洪桥港和洪东洪西街为主线，新场大街北段（北栅口——三世二品坊）为辅线。	以新场大街中段（三世二品坊旧址——闵家湾）以及与之相平行的后市河为主线，宽约300米，南北长约700米的带形区域。	以新场大街南段（闵家湾以南）为主线，以南山寺为区域南端的尾声。
格局特征	洪东洪西街与洪桥港呈“街河平行”关系，且与新场大街垂直相交；以一层民居建筑为主；建筑院落布局因地随形，规模形式不一；洪东街地段曾为家族作坊群落。	由新场大街、东侧的后街、西侧的后市河共同构成“两街一河”的街河平行关系；沿新场大街设店铺，前店后宅，跨后市河西曾有私家花园连绵成带；建筑以两层居多，偶见三层；建筑院落规整、每户面宽均一，规模高度相当，马头云圜山墙此起彼伏。	由新场大街及其西侧的后市河构成“街河平行”的形态结构，且街河间距向南逐渐缩小；以一层民居建筑居多，规模较小，布局自由松散，外观简单朴素，无突出装饰。
规划定位	普通原住居民的丰富多样的生活场景再现：油条大饼、馄饨担、汤团店、老虎灶、民居、作坊、茶园、酱园等，形成传统居住街坊和小型家族手工艺作坊群，以及以洪桥堍为核心的居民传统商业文化中心。	明清殷实人家重重天井相套的民居建筑群和前街后河的典型水乡格局再现，上海水乡民居博物馆，以包桥堍及两岸廊棚水市为核心的古镇传统商业文化中心。	江南新水乡生活模式试点区，探寻一种现代化发展背景中的水乡田园人居环境，融传统的空间格局、现代的生活质量、淳朴的乡土信仰于一体。
保护整治	内部生活设施改进（厨卫独用和居住成套化）；建筑外观整治（朴素淡雅的江南民居风貌）；空间格局完善（沿街沿河立面修补、街坊内部公共空间的开辟、街巷系统的梳理、环街坊的车行辅路开辟）。	空间格局修护（前街后河、隔河花园、宅院相依、建筑齐整、水巷深深的传统空间）；建筑院落修缮；内部设施现代化、信息化（网络接入、消防喷淋）。	对现存的建成环境进行空间环境的再整合，保持传统街坊的组织和尺度关系，对建筑进行传统风貌的提炼与再设计，积极改善居民的生活质量。
文化传承	奚家厅（家族祭祀礼仪与“迎财神”）、城隍庙（“孚惠伯”出巡、庙会、放河灯）、洪桥堍（书场、药号、烟纸店）、易氏宅（南汇灶画、竹木器作）、第一楼茶园（锣鼓书）等。	传统民居厅堂建筑群的集中展示：张厅（中西合璧的建筑装饰艺术）、程家厅（顾绣工艺坊）、日照堂（纸扎灯笼坊）、嘉乐堂、庆祉堂（浦东派琵琶、丝竹清音馆）等。	南山寺（元宵灯会、佛教文化、香讯）、杨社庙（“昭天侯”出巡、迎白面财神、盐傩、社戏）、乔家庵、素农庵（祈丰收、民间庙脚）等。
社区网络	基本保留现有居民，在区内微调居住分布情况。	居民逐步外迁，人口向后街两侧的街坊转移；本区逐步置换为浦东传统工艺展示以及民间艺术团体传承演艺基地等文化设施用地。	进行社区再造后，人口容量会比目前扩大，鼓励本镇居民迁入。
政策扶助	人房不离、居民参与设计施工的政策保障研究；建立“老浦东民俗文化传习馆”，开展传统民间文化的传承、教育、科研、展示。	居民迁居安置与就业扶助计划；社会力量参与古建筑维修办法；老街商业文化经营活动管理办法。	水乡新民居设计引导；传统民居适应性改造。

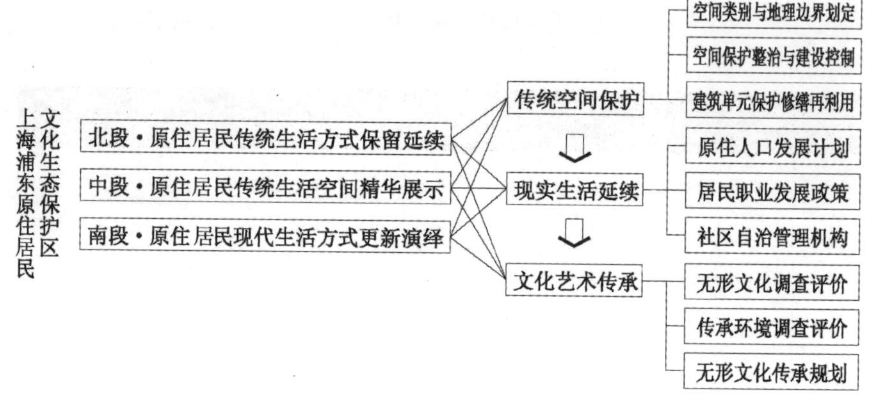

"上海浦东原住居民文化生态保护区"保护结构示意图

3. 原住居民保护计划

在当前经济全球化和我国快速城镇化进程中，新场所在地区的原有城镇传统和功能都受到极大威胁：老民居过度拥挤且疏于维护，机动车交通需求与街巷桥梁产生冲突，居民私房建设各自为政，宽阔的公路和生硬的现代建筑，大型公建改变历史城镇的景观，社会工商业活动尺度变革使历史城镇经济功能退化等。保护区内建筑权属复杂，建筑质量不一，居住与户籍很不一致，街区内的各种社会经济因素都呈现出彼此关联、混合交织的形态。如何使这些社会经济因素朝着既适应传统街区空间结构的方向发展，又能够维护居民生活工作的安定有序，同时在现代化社会发展中寻找独具特色的生长点，提高居民的生活质量，这是原住居民保护区需要综合考虑的问题。

一方面，只有通过恢复城镇作为居住、商业、文化和娱乐活动的混合体的状态，合理引入包括交通、市政、公共服务等现代化生活的必备设施，积极改善居住生活的质量，才能使正在衰退的历史中心重新焕发活力。

另一方面，要充分认识到历史文化城镇管理的特殊性，管理的目的是创造和谐，避免不必要的使用，保持建成遗产本来的尺度及其功能和文化价值，形成一种整体性保护。

在人口发展方面，保护区应鼓励原住居民外流人口的返乡及其后代的定居，同时在一定程度上限制外来人口的定居及流动人口的比例。对原住居民和非原住居民在本镇"原住居民保护区"内实行不同的福利政策，如：开展个体集体工商业活动的优惠政策、购置祖屋的优先权、修缮房屋的政府补贴等，以保护原住居民的人口稳定性，限制外来人口的复杂化。

在维护社区自治方面，通过制定《原住居民保护区发展与管理公约》，来促进居民共建共管，并加强保护区内日常事务的监督。

在房屋产权方面，应尽快明确保护区内房屋产权归属，尤其是产权不明晰的公私合用历史建筑，要尽快廓清产权，补颁产证；对保护区内重要历史建筑的使用经营范围进行划定，防止不合理的使用和破坏。

在产业发展方面，对保护区确立文化发展及旅游观光为主导产业，鼓励原住居民家族传统手工制作加工业，刺激和偏重中小规模工商手工业和服务业。这样不仅能为本地居民提供多种层次和形式的就业岗位，而且能够形成亲切宜人、生机勃勃的生活氛围，有利于帮助原住居民延续地域民间文化传统，发挥民间文化的经济价值。

二、在田园中自由地呼吸

我国古人早在《周易》中就提出“天人合一”的观念，即人要和自然和谐共生与再生。在城镇设计、建设和管理活动中，我们一方面不断创造着高效的经济发展方式和更加现代化的生活方式，另一方面也对自然产生了巨大的破坏作用。21 世纪将是人类重新回归自然，追求一个人类与自然和谐的“绿色文明”时代。

在新场古镇保护与发展规划中，我们提出“人文与生态协调”、“让古镇在田园中自由地呼吸”。

生态环境保护

新场镇东南有近 40 公顷的农田耕地，其间沟渠纵横、苇荡婆娑。再往南是宽百米的大治河，河对岸是规划中的百亩桂林、桃林。作为距上海市

中心仅半小时车程的郊区古镇，能够保留有田园、河流、林带共存的自然环境，是极其可贵与不易的。为此在保护规划中我们特别划定了生态景观保护范围，以保存这一片难得的田园风貌，确保大治河两岸的景观对话，以期更加有效地保护好这一“街•河•田•镇”交相辉映的郊区城镇肌理和自然田园环境。

在古镇的生态景观保护区内，应当尊重当地原有的植被种植传统，以美化环境、生态可持续为原则，只安排必要的农用建筑和小体量的旅游设施、景观小品。规划设计要结合自然村落、河流驳岸展开，突出江南传统田园景观的生态特征。

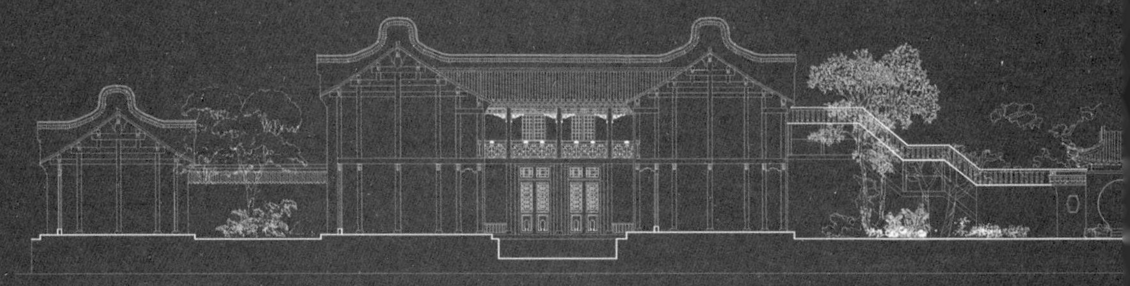

叶家花园入口　　池上楼

叶家花园修复设计图

绿化特征维系临水私园的修复

新场古镇与其他江南水乡比较而言，最为特色的当属沿后市河西侧一字排开的临水私家花园。我们知道，在很多江南古镇都有一两个规模较大的私家园林，但是像新场这样数目甚多、规模较为均等且沿河带状分布的私家花园群落，却是绝无仅有。这也从一个侧面反映了古代新场私人造园的传统氛围。因此我们非常重视对这些滨河私家花园的原址修复。在规划中则通过土地利用调整、建筑容量控制和空间界面的设立等多项控制手段，来确保沿后市河花园带的用地不被改作他用。选择可行地段开展景观引导设计，以指导下一层面的修复设计。

古树名木的保护

由于古镇历史久远，许多深宅大院里的树木已逾百年，而尚未录入园林部门的名册（园林部门登册的往往是街道或者公共建筑中的古树名木，如南山寺后的两棵 600 年古银杏）。所以在进行历史建筑调查的同时，也要对这些私宅院落中的树木进行登记。根据对宅院主人和邻里居民的问询，凡是超过百年的都进行了记录，对于一些并不能确知其树龄的大树，若长势良好、形姿优美，便作为重要的景观树木加以标识，以便下一阶段建筑修缮整治的过程中，尽可能保留下来，并为其开辟和配置一定的空间环境。对于历史街道沿线的古树，则可结合树木的位置，设置一些小型的沿街开放绿地或空地，丰富公共空间。

南山寺 600 年古银杏

古镇田园

种植爱好的维护

新场人爱种花草是长久的习惯，在新场古镇多次的实地踏勘过程中，印象极深的就是那房前屋后、天井里、小巷边随处可见的花草盆栽。即使是在路边、屋角下巴掌宽的地方，也有人细心地培育着两行油菜或是一排花苗。无论到谁家访谈，都会被热心地招呼到后院看看他家那些有年头的黄杨或是刚栽的新苗；脸上洋溢的都是无比灿烂的骄傲——在新场，人人爱花，人人种花，是个不争的事实。

新场古镇生态环境

这些林林总总的缤纷花草，为粉墙黛瓦的素朴小镇增添了丰富多彩的生命力，也透露出新场人对待生活质朴的热爱。破脸盆子、烂瓦缸，都能成为绝好的花盆，几棵小葱、一盆鸡毛菜，都教人看了心生喜爱。这种全民种植的风俗，是我们进一步开展对古镇环境规划整治工作的有力支撑。作为新场古镇的规划工作者，应当注意留存这些房前屋后、河沿街边、桥头庙场的空地绿地，特别是街巷展宽处，码头水埠开阔处等，要着意梳理，在整治中精心布局。

古镇濒河廊棚上也放置着缤纷花草

田园桃花

三、非物质文化遗产保护

非物质文化遗产，根据联合国教科文组织《保护非物质文化遗产国际公约》的定义，它是指："来自某一文化社区的全部创作，这些创作以传统为根据，由某一群体或一些个体所表达，并被认为是符合社区希望的作为其文化和社会特性的表达形式，其准则和价值通过模仿或其他方式口头相传。"它包括各种类型的民间传统和民间知识，各种语言，口头文学，风俗习惯，民族民间的音乐、舞蹈、礼仪、手工艺、传统医学、建筑以及其他艺术。

历史城镇是地域传统文化最为集中的地方，对历史城镇非物质文化遗产的调查研究有助于我们深刻认识城镇发展演变的内在过程和文化内涵，更加合理地把握城镇未来的发展定位和功能选择，指导物质层面的规划措施；另一方面，将那些在现代生活中仍具有积极意义的非物质文化遗产合理有序地注入到那些被保护下来或者修复后的历史场所中去，也能促使优秀的传统文化在原生态的空间环境中得以再生。

1. 非物质文化遗产认知

对非物质文化遗产的认知应重视两个层面的把握：（1）要准确把握地域背景文化的共性特征，这样才能有效指导城镇整体的保护建设活动，确保整体层面的历史真实性和文化整体性；（2）对本地各种文化风俗和艺术形式中特征细节的鉴别判定，这样才能更充分地保护地方文化遗产的多样性，对历史建筑及空间场所的修缮更新才更加有依据，同时这些无形文化在有形载体中的"还原"也才更真实和多彩，从而深刻发扬出地域文化特色来。

首先，新场古镇属江南吴越文化区，在建筑、语言、戏曲、诗词等文化形式上都体现出江南清秀婉约的地域文化特征。

其次，新场古镇是在上海冈身以东的年轻陆地上，从唐宋以后盐场驻地逐渐发展为市镇，它的一些演艺、祭祀、舞蹈等民间文化形式又不可避免地带上了古代盐文化和海文化的烙印，如"买盐茶"的说唱和"盐傩"仪式等；而它现有的城镇形态虽然总体上也是小桥流水的水乡意境，但那些古代海盐产区特有的、由人工开凿的灶门港和运盐河转变而来的河道，以及近代受到海派文化影响的中西合璧的建筑装饰艺术等，又都与仅隔百十公里的太湖流域因稻米种植而发展起来的水乡市镇迥然不同，从而带有海派水乡的清新气息。

再次，从新场古镇自身看，现存南北长2000多米的老街，它的北段、中段、南段的建筑形式都具有明显的识别性：北段沿洪桥港是最早的盐民生活聚落，由简单朴素、布局错落的临水民居和一些传统手工作坊集合而成；中段沿老街和市河绵延几百米长的街坊建筑群则是盐商官宦的宅院，每一户都是前街后河、重重天井、山墙起伏，沿街第一进都有三五个开间作店面，沿河都有各家的私用水埠和跨河私桥，跨过市河又有各家的花园菜圃，整齐而均一的建筑形制体现着那个时期商富阶层的相互制衡，各色的花园则体现着闹中取静的闲适；南段沿包桥港，因水运便利，两岸长街廊棚蔚然，河市交易，水运租船，水乡市镇的物资集散都在这里集中，形成"夹岸为街、因河设市"的典型商业格局。这种建筑布局的差异是由于聚落发展过程中不同阶层人群聚居选择模式不同而形成的，当然也带来了生活习俗和文化追求的不同。

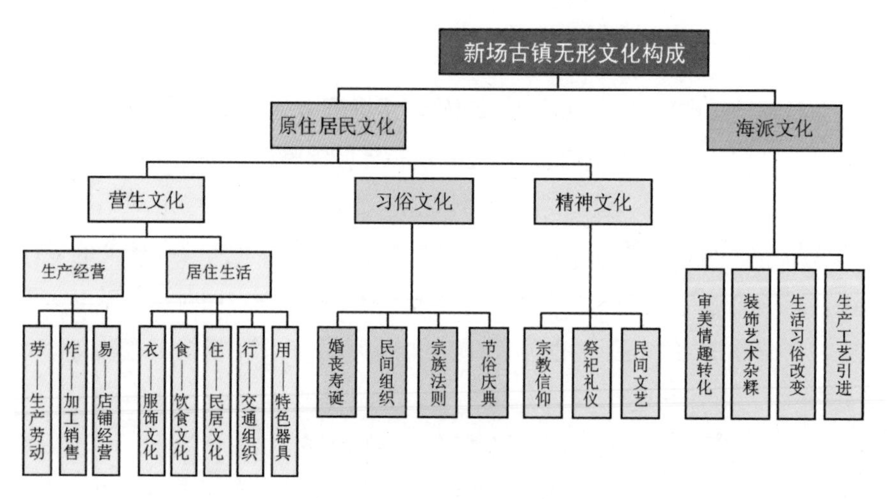

新场古镇无形文化的构成示意图

通过对新场古镇无形文化从宏观到具体的分析研究，可以总结出如下特点：

从宏观的地域文化背景上看：新场古镇秉承了江南吴越文化的非正统形态，在社会交往、生活礼俗方面，形成商民共处的灵活多样的大众世俗文化，在聚居环境营造方面，则体现出因地制宜、灵秀多变的水乡景观。

从城镇文化特征上看：（1）新场古镇是古代上海成陆与发展的重要载体：浦东海岸生长的重要组成部分，我国古代捍海塘工程护卫下的重要海盐生产地，集太湖流域圩田水利工程和煮海制盐开凿的运盐河、灶门港共同形成的特殊水乡地域环境。（2）近代上海传统城镇演变的缩影：上海冈身以东地区成陆演变过程中传统"米盐贸易"[①]城镇中"盐镇"发展的代表，现今上海地区少有的、保存完好且尚未建设性破坏的水乡城镇。

从微观的民俗文化资源上看：新场古镇所在地域从唐宋时期成陆之后，经历了渔猎——农耕——煮盐——市镇的缓慢的"农→商"社会自我演进过程，至今仍保存着上海浦东地区先民的习俗礼仪，是一种迥异于浦西老城厢近代殖民和市井文化特征的乡土原住居民文化[②]，内容包括原住居民的营生文化、制度文化和精神文化，并且这些各色各样的民间文化艺术形式从不同侧面反映出新场的"海"文化和"盐"文化特质，构成海派江南水乡的历史人文基础。

①新场是以盐的生产交易为城镇发展主线，而朱家角则是传统米市集散地，这两个城镇构成上海本土传统文化的鲜明代表。

②原住居民文化，指原住居民在长期特有的生态环境和特定的生产生活方式下，酿就积淀而成的本土固有的系统文化。上海浦东地区由于黄浦江长期阻隔、现代化经济发展迟缓，直至20世纪80年代还保留着浓郁的本土文化风貌，新场古镇就是其中的典范。

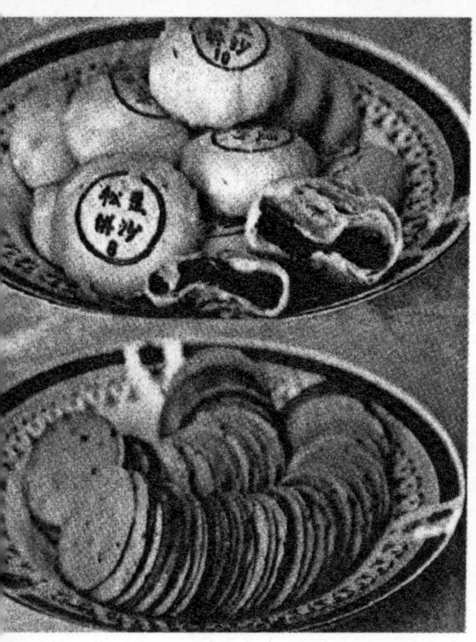

营生文化

营生文化

新场居民的营生文化包括谋生方式和手段，如盐业、商业、农耕的变迁、劳动的流程以及工具、器皿等；商铺作坊文化类型，包括商号布局、店名、招幌、经营品种、坊间技艺（编制、刺绣、木工等）、店堂布置等；民居建筑文化类型，包括民居的样式和流变、建筑群落关系、房屋柱架结构、装饰风格等；饮食文化类型，包括日常饮食习惯（二粥一饭、季节性菜肴、糕点制作、干菜腌菜制作等），节日庆典饮食（年节特色食品、浦东“老八样”[①]），当地土特产（浦东鸡“九斤黄”——三黄鸡原型）；服饰文化类型，包括土布制作流程、特殊服饰“作裙”等。

习俗文化

新场的习俗文化包括：出生和命名、儿童教育、成年礼、结婚、死亡等与生命流程关节点相关的婚丧寿诞和节俗庆典，如婚姻制度中有托媒定亲、拿八字、排八字、通脚、南汇“哭嫁歌”等；本土居民的各类民间组织，如救火会、商会、行会，商业店规等；继嗣制度与宗族法则，如家法、宗法、家谱、家庙等。

精神文化

新场的精神文化主要是指宗教文化与本土民间信仰：佛教、道教、基督教，民间俗信，地方庙会等；祭祀的形式和惯制：对象、时间、供品布置、仪式过程等；民间艺术：如装饰、绘画、雕刻、音乐、舞蹈、戏剧、民间文学等；岁时节日：当地风土节令、文化娱乐等。

2. 非物质文化遗产评价

非物质文化遗产的评价，是在以新场为地理中心的浦东邻近地区重要民间文化资源普查的基础上进行的，包括对历史背景和地域共性文化特征的研究和对城镇自身文化特点的研究，并最终得出对新场所处地域的各种民间传统文化、艺术、民俗文化形式分门别类的清单式调查。非物质文化遗产的调查，还应密切结合有形的物质环境载体来开展。具体为无形文化

①老八样，指由冷、荤、热、大菜、点心组合而成的传统“田席”，因有“六碗八碟”，故称。

遗产资源的评价，包括无形文化本体的评价，所依托的物质性载体的评价，并最终作出文化传承的生命力评价。

对无形文化本体的评价

首先对新场的各种民俗文化类别（包括民间艺术、传统工艺、祭祀礼仪、民俗节庆、百年老字号、“笋山十景”等）在本地区保存的完整程度进行评价，分为较完整、濒危、已消失三个级别。那些还具有传承人，在民间定期或不定期举行表演活动的民俗艺术形式，将其评价为“较完整”；若有些民俗技艺，还能寻找到传承人，但在民间已越来越少的开展活动的，界定为“濒危”类型；而那些既找不到传承人，也见不到展演活动，只能从历史记载中查到的民俗文化，则认定为“已消失”。

再针对这些文化形式在新场历史文化背景中的特色进行“优、良、中”的分级评价。比如，像锣鼓书、顾绣、卖盐茶、迎财神、鹤器吹打、城隍老爷出巡、本镇的百年老字号等，这些具有原浦东南汇地区乃至新场特点的民俗文化，在本地区的重要性上体现为“优”。而在整个浦东地区，乃至上海郊县都有所流传的文化形式，如南汇灶花、丝竹清音、浦东田歌、老八样等，在本地区重要性上可归为“良”。对于那些普遍流传与江南地域的民俗文化形式，在本地重要性上界定为“中”，如江南茶道、评弹、说书开篇、竹编纸扎等。

对无形文化的物质性载体的评价

要实现无形文化的传承，就必须给其提供适当的生存环境，其中首当其冲的就是物质性的空间场所。比如像锣鼓书、浦东派琵琶、盐傩等表演艺术，就需要有适于演出的场所，还要有教学排练的场地等；对于纸扎、草编、竹木雕刻等民间技艺，就需要有制作、售卖和传授的固定场所；对于古镇的百年老号，需要有实体的门店铺面才能重振家业；对于新场历史上著名的“笋山十景”，也要有合适的场所和周边环境才能够重新塑造。因此对于新场现存的历史环境，尤其是历史上就是重要的民俗活动的场地，以及可以通过修复整治成为无形文化传承场所的这些建筑和空间场所展开调查，即无形文化的物质传承环境调查，并作出“现状保存完整度”和“真实性”[①]两个方面的评价，从而确定其物质性环境载体的实际可修复延续性，

①传承环境的真实性评价，是指对于经过多次改建，尤其是1949年以后改建至今与最初性状的差异度评定。

为之后历史环境的有序利用提供基本依据。

“现状保存的完整度”分为基本完整、主体尚存、濒危和已消失四类。

根据评价，新场古镇重要的无形文化传承环境中，“基本完整”的有：东岳庙（传承的文化内容有道教文化、道教音乐、鹤器吹打、东岳圣帝诞辰仪式等）、奚家厅（传承的文化内容有迎财神、家族祭祀、民间说唱等）、张氏宅第（传承的文化内容有百年老字号“张信昌绸布店”）、耶稣堂（传承的文化内容为基督教信仰文化）、第一楼（传承的文化内容有锣鼓书、沪书、评弹等民间说唱）。“主体尚存”的有：谢渭盛烟纸店、信隆典当、中华楼、南山寺等。

而民间用于祀文昌的晏公祠、祀鲁班的鲁班阁、小有名气的康泰丰米庄、迎“白面财神”的杨社庙等建筑残破缺失或被改建，已呈濒危状态。

古镇历史上著名的北山寺（佛教文化，笋山十景之“上方烟云”、“仙洞丹霞”二景所在地）、两浙盐运司署（古代盐运与官盐管控制度文化）、北油坊（民间榨油技艺）、正顺官酱园（传统官方酿造）、鹤坡道院（佛教文化、传统养生文化）等建筑和景观，皆已消失，不复存在。

对于这些物质性环境的发展继承性，也进行了优、良、中、差的分类评价，同时进行相应的打分，以指导修复措施（4—5分：在原有基础上维护修缮，以及周边环境的美化和改善；2—3分：对主体建筑环境进行重点整修，以及周边环境整治；0—1分：一般情况下不建议恢复原有建筑环境，若有特别需求，则应经过严格考证和审慎设计在原址或新址进行整体性的修复）。

民居一景

3. 非物质文化传承规划

针对新场古镇现存环境的状况，将保护规划中制定的非物质文化传承分为四种类型：

在“原生环境”中导入“原生文化”——“陈醋配老坛”

这种类型适合于在保存较好的传统物质空间中恢复传统的使用功能。

新场古镇的核心地段，如新场大街、洪桥街、包桥街等，是传统建筑空间环境保存较为完好的区域，是新场古镇有形文化遗产保存最为密集和精彩的区域，而它们过去所承载的文化生活也和人们日常的交往、交易最为密切，比如老字号的商铺作坊、茶楼书场、定期的集市等。所以，在这种传统环境要素集中的城镇历史中心地区,文化内涵的导入应以“原生文化”为主，即原来是做什么的，现在也尽量导入相同或相近的使用功能。当然这种利用需要经过我们这个时代需求的提炼和再创造。

在“原生环境”中导入“新生文化”——“旧瓶装新酒”

即指所要导入的“文化”对于这种既有的“环境”而言，或者不是一个时期的，或者不是这一场所固有的。当传统的物质空间还保留比较完好的时候，若这种空间中原来所承载的文化生活已完全不适应于现代社会的生活模式，就可以采用这种方式，向其中注入新的文化活力。

新场古镇南北大街的中段原来都是盐商官宦的住宅，三至四进的天井合院格局严整，室内装饰大多保存较好，前街后河、隔岸花园的总体形态与众不同。这些过去作为居住功能的大型合院式建筑，是和我国传统社会大家族生活模式相联系的，并体现着长幼尊卑的礼制观念。现代化社会小家庭的发展趋势已经越来越呈现出和这种家族聚居建筑模式的不适应。自20世纪50、60年代以来较长时期的经济发展缓慢，农村人口增长迅速，住房年久失修，原有建筑普遍超负荷使用，造成严重的生活环境恶化。这一点在大多数旧城街区都能够得以印证：从厨房轿厅到堂屋厢房，几乎每一间房里都住满了人，天井里左搭一个灶台，右建一个茅厕，几户乃至几十户人家合住的大杂院连厨卫独立都难以满足，更何谈生活的私密性。

我们可以通过适当的室内改建，使这种大型的宅院变得适合小家庭居住，这种改建在国内很多历史街区已不鲜见。但是，如果把那些处在城镇

新场历史文化陈列馆

核心地段的、建筑艺术非常具有代表性的精美宅院更加公共性地利用和展示出来，让它们不仅发挥一幢可以居住的房子的功用，而且是让更多人来欣赏它，认识它的历史文化价值，不是更好？尤其是将一些民间的传统技艺引入来进行展示，使这些居住建筑转化为文化性的公共经营性建筑，既符合区位地价规律，又能承担起传统文化的物质载体功能。

在“新生环境”中导入“原生文化”——“量体裁衣”

是指传统的物质空间已经破坏无存，但它曾经包含的传统文化还具有生命力或者具有重要的精神价值，就可以采用环境再造的方式，给传统文化重新提供可以依附的“壳”。

新场“熬波园”主题文化体验区的设计，就是重新将古代海盐生产的场景、过程、工艺的历史再现，使这一新场乃至于浦东地区重要的地理文化获得人们的重新认知。

应当指出，这些已经丧失了其赖以生存的物质环境的文化形式，往往在现代社会里已完全失去了生产、生活的现实功用性，这些文化之于我们更主要的是精神上的意义。对它们进行复原和再现主要是向现代人展示出这一地区曾经有的历史文化，以供人们了解、学习，而这些文化场所的经营也往往更依赖于大众旅游。所以，这种为原生文化重新塑造环境载体的做法，需要严格的历史考证和审慎的设计、选址与定位，以防无根据的臆造或是流于形式的仿造。

在“新生环境”中导入“新生文化”——“别出心裁”

历史城镇要在现代化的社会结构中继续留存和发展，就必然要应时代之需而发生相应的结构转变，重新融入新的社会运转模式中去，成为城市发展的有机部分。因此，历史城镇根据它的未来发展方向和定位，必然要求新的文化内涵导入。尤其是在与传统环境相邻或周边地区，出于保护传统建筑空间的考虑，对周边的物质性建设活动一般都会作出限制。那么在这些建设受到限制的地区，发展普通城镇的工业、商业、居住必然是不经济也不合理的。这就要求我们作出新的功能选择和新的建造模式，以保证历史城镇整体的发展活力。

在新场古镇这样距离上海大都市中心区半小时车程、风貌保存完整的历史城镇，它更应该也更有优势来承担中心城区的一些文化职能，尤其是一些对中心区的都市设施没有特别要求，或者本身就需要寻求一种相对安宁环境和较低成本的文化事业来说，新场古镇具有一个非常理想的文化发展环境。

4. 重点保护的文化项目

新场于宋元时期因濒海盐场而兴市镇，古老淳朴的生活历经变迁延续至今，生动地反映了上海老浦东人世代生息的过程，是上海原住居民文化的重要发源地之一。因此，新场古镇的非物质文化遗产传承当以原住居民文化为核心，内容包括：民间艺术、传统工艺、祭祀礼仪、节庆活动、老字号传承等。

拟原址恢复的老字号有：北油坊（北栅口）、奚长生药号（新场北街东侧）、谢渭盛烟纸店北店（新场大街洪西街口）、第一楼书场（洪桥堍东南隅）、沧浪池浑堂（洪桥下塘街南侧）、信隆典当（新场大街367—371号）、新和酱园（新场大街朝阳街口）、康泰丰米庄（新场大街12号）、裕大南货店（新场大街中街东侧）、张信昌绸布店（新场大街271弄）、谢渭盛烟纸店南店（包桥堍东北隅）、永长楼书场（包桥堍东北隅）、中华楼/西园（包桥堍西南隅）、正顺官酱园（新场大街包桥港口）、南油坊（南栅口）。

对于古镇核心地段，规划提出恢复使用老地名，如“向阳路”改回“东后街”，“朝阳路”改回“牌楼弄”，“东横港”改回“鹤坡塘”，“新港”改回“后市河”[①]。

经过非物质文化遗产及其物质载体的综合评价，我们在规划中确定了一批重点保护的文化项目和这些项目的物质传承空间，主要有：

第一楼书场——锣鼓书、沪书、什锦书、钹子书；

鲁班阁——锣鼓书、祀鲁班、贺神会；

大来堂——锣鼓书、丝竹清音；

奚家厅——卖盐茶、民间说唱、宗族祭祀、迎财神、南汇灶花；

东岳庙——社戏、庙会、东岳老爷出巡；

城隍庙——“孚惠伯”出巡、迎财神、祭城隍、元宵灯会；

晏公祠——祀文昌；

杨社庙——“昭天侯”出巡、盐傩、庙会社戏；

南山寺——元宵灯会、香讯；

①这些建议如今已得到相关管理部门的认可和执行。

素农庵——祈丰收、民间庙脚；

中华楼、西园——浦东派琵琶、卖盐茶、民间说唱、浦东田歌；

庆祉堂——丝竹清音、竹木雕刻；

嘉乐堂——浦东派琵琶、丝竹清音；

程家厅——顾绣、纸扎；

老浦东饭馆——浦东“老八样”；

盐民作坊——造船、结绳、二粥一饭；

稻香村——二粥一饭、浦东田歌。

新场共拥有国家级非物质文化遗产三处，分别为：上海市民间曲艺锣鼓书（2004）、江南丝竹（2007）、锣鼓书（2007）。省级非物质文化遗产二处：卖盐茶（2007）、灶花（2007）。

中华民俗学会城镇民俗保护专业委员会在新场古镇又颁布了三处地方特色文化遗产保护传承点：传统饮食——“农家老八样”、民间习俗——“东岳庙会”、民间习俗——“城隍祭”。

5. 非物质文化保护管理

联合国《保护非物质文化遗产公约》（2003）指出：非物质文化遗产保护应当“采取措施，确保文化遗产的生命力，包括这种遗产各个方面的确认、立档、研究、保存、保护、宣传、弘扬、承传（主要通过正规和非

山墙

正规教育）和振兴”。在新场应当尽快建立非物质文化遗产保护中心，主持非物质文化遗产各个方面的工作，扶持在非物质文化遗产领域确有专长的非政府组织和个人，开展有效保护非物质文化遗产，特别是濒危非物质文化遗产的科学、技术和艺术研究以及方法研究。非物质文化遗产保护中心的工作内容应包含：

（1）确立无形文化遗产的认证标准和方式，组织进行新场镇乃至浦东地区无形文化遗产普查活动，形成新场古镇无形文化遗产名录的初稿，并提交上级文化部门审核、存档；

（2）每隔三年对无形文化遗产代表名录的内容进行再评估、编辑、更新和对公众公布；

（3）制订准则性措施或其他措施，实施对无形文化传承人及传承环境的保护工作；

（4）提供专家和专业人员，组建培训管理无形文化遗产的机构，培训各类所需人员；

石雕

（5）为各种文化遗产提供活动和表现的场所和空间，促进这种遗产的承传；

（6）建立无形文化遗产保护基金会，为无形文化遗产保护工作提供财政和技术援助；

（7）组织进行新场古镇无形文化遗产文献的编制；

（8）确保对无形文化遗产在民间的发展，同时对这种遗产的特殊方面的习俗做法予以尊重；

（9）向公众，尤其是向青少年行宣传和传播信息的教育计划。

目前，新场古镇文化继承与历史工艺传承人保护工作已取得一定进展。搜寻到新场地区传统手艺人近20位，包括铜匠、竹匠、彩灯、刻纸、灶花、织带、木雕、核桃雕等10多个项目，其中包括失传已久的套版葫芦工艺。在浦东地域内搜寻了近10位国家级民间工艺师，如石雕大师王金根、扇子大师王贤宝、微雕大师沈忠兴等。初步建立浦东本土民间工艺文本、图片资料，筹建新场古镇原乡文化收藏中心，创设并提供展示、表演的活动场地、经费，以及进行宣传教育，组织群众参与，吸引商业赞助，开展多方联谊等，进一步扩大了影响。

四、传统与现代对话——历史环境的修缮与利用

历史城镇和街区是传统文化生存与发展所依托的载体，它的物质环境必然也因历史发展的新陈代谢而呈现出各个时期的“拼贴”场景，而传统物质结构与现代社会功能的碰撞也无时无处不在。

因此，“传统与现代对话”的第一要义是各个时代多样化的和谐共生：不仅要真实地反映地方历史特色，留存城镇的记忆，还要适应当代的需求，改善设施，提高生活品质，留住老百姓的感情。

1. 修旧如故，以存其真

对历史建构筑物的修缮要坚持修旧如故，以存其真。这里所说的“真”是指通过保护历史遗存的原物，从而留存它所携带的全部历史信息。原有的构建结构，如果还能够使用，就保留它，哪里坏了，就进行修补替换。新补上去的部分则应与整幢建筑色彩材质取得协调的同时，还具有可识别性和可逆性。以后我们的子孙后代看到这些建筑便能够知道在它们身上都发生了哪些改变。这种对历史建筑的修缮，目的是要使这些老建筑延年益寿，而不是让它们返老还童。

而数量众多的一般建筑，应当在保留其本身外观特色的同时，结合其所处的历史环境，适当进行修景，在外观上色彩、体量、比例、材质的运用都要和谐，不宜喧宾夺主；内部设施应充分考虑使用者的需求，注重舒适实用；同时考虑施工过程的便利可行，以及减小对周边环境的破坏。

根据对古镇现有建筑的年代、风貌、质量、高度、屋顶样式等的综合评价，将其按保护与更新类别归为五类：（1）保护建筑；（2）保留历史建筑；（3）一般历史建筑；（4）应当拆除建筑；（5）其他建筑。对归类不同的建筑分别制定相应的保护整治措施。

保护建筑

保护建筑，包括各级文物保护单位和上海市优秀历史建筑。新场镇共有七处，分别为：千秋桥、第一楼茶园、张氏宅第、石驳岸、马鞍水桥、耶稣堂、南山寺。

文物保护单位和优秀历史建筑应当实行最严格的保护，以文物准则中的“不改变原装”为准绳，充分留存历史原物、原貌。

保留历史建筑

保留历史建筑为除“保护建筑”以外，风貌有明显特色或人文历史价值突出，且建于 1975 年以前的历史建筑。

保留历史建筑不得整体拆除，应当予以维修和再利用。保留历史建筑进行扩建、改建时应当保持原有风貌特征。保留历史建筑外观改动的修缮（外墙粉刷、屋面材料及门窗更换等），应当保持其原有风貌特征。

历史建筑的修缮要修旧如故

一般历史建筑

一般历史建筑根据其风貌特点分为两类：甲等一般历史建筑和乙等一般历史建筑。

甲等一般历史建筑为除“保护建筑”及“保留历史建筑”外，有较高的风貌价值，并对体现本地区历史文化风貌具有积极作用的，建于 1975 年以前的历史建筑。甲等一般历史建筑宜予以维修和再利用。确需拆除时，必须进行详细的建筑测绘，并应在原址上按原样复建，复建中应当利用原有的有特色的建筑构件。

乙等一般历史建筑为除“保护建筑”及“保留历史建筑”外风貌价值一般的，建于 1975 年以前的历史建筑。乙等一般历史建筑如需扩建、改建或拆除新建，应当与历史文化风貌区的风貌特色相和谐。

2. 整体保护，相映成趣

江南水乡城镇的突出之美并不在于一个个的建筑单体有多么美轮美奂，而是在纵横的水网环境中所形成的粉墙黛瓦、小桥流水的聚落整体意象令人分外陶醉。因此在新场古镇的历史环境保护中，整体性原则就显得特别重要。那些大量的历史建构筑物，只有把它们与周围的街河空间关系结合起来，才能映现出水乡的无限风光。

这种聚落整体环境的保护，具体到新场，可以归纳为三点：（1）保护历史形成的街道巷弄；（2）保护历史河网水系；（3）保护历史形成的街河空间关系。

另外，对新场古镇空间的保护，还要适当增加一些小而分散的公共交往空间，以适应现代人生活的需求。一是清理并扩展一些传统的开放空间，如桥头、河埠头边；二是增设一些新的开敞空间，如避让开沿街沿河的重要景观界面，在街坊内部，结合现有的绿化树木，设置些小的活动场地，提高居住环境品质。

街巷空间保护

对历史街巷空间的保护主要是指：保持街巷的宽度，完善沿街建筑界面，限定沿街建筑高度、样式、色彩等。新场最重要的三条历史街道是：新场大街（分为北大街、中大街和南大街三段）、洪东街、洪西街。

新场大街：北起沪南公路，南至大治河，位于古镇正中。是古镇的南

新场嘉乐堂《八骏图》

在纵横的水网环境中所形成的粉墙黛瓦、小桥流水的聚落

北轴线，长1500米，宽约3—5米。中段两侧保存了新场古镇传统民居商铺风貌，是古镇精华所在。

洪东街：西起新场大街，东至东横港，位于洪桥港北，是古镇的东西轴线组成部分。长310米，宽约3米，大部分地段为一街一河的传统风貌，沿河绿化较好。街上有清代民国大宅院数处。

洪西街：西起新奉公路，东至新场大街，位于洪桥港北，是古镇的东西轴线组成部分。长290米，宽约3—4米，大部分地段为传统民居风貌。另有保存较好的清代民国时期宅院多处。

其他需要保护的历史街巷有：洪桥下塘街、包桥街、包桥下塘街、王家弄、毛家弄、浑堂弄、俞家弄等。

河道空间保护

对河道空间的保护是指：维持河道的宽度，保护驳岸的历史砌筑样式，限定沿河建筑高度、样式、色彩等，以及沿河绿化的保护。新场现存的历史河道有：后市河、洪桥港、包桥港、东横港（横塘港）。

后市河：北起洪桥港，南到大治河，位于古镇正中。长约1500米，宽8米，两岸为枕河人家格局，河东侧为宅院，河西侧为花园。桥梁、水埠众多，南段自然风光优美。

洪桥港：位于古镇北部，东到东横港，西过新奉公路。长约700米，宽15米。河南岸为傍河街道，香樟树高大茂盛，河北岸多为民居，呈现出一街一河的格局。

包桥港：位于古镇南部，东到东横港，西过新奉公路。长约 800 米，宽 10 米。河两岸均为傍河街道，河东段香樟树高大茂盛，河西段街道两侧民居为传统风貌，呈现出两街夹一河的格局。

东横港：北起衙前港，南至大治河，位于古镇东边。长约 2000 米，宽 20—25 米，是小型运输河道。河北段两岸风貌杂乱，旧民居与厂房、现代小区混杂，河两边部分地段沿河香樟茂盛；河南段两岸为江南田园风光。

河道空间保护组图

街河关系保护

对街河关系的保护是指：保护现存历史街道和河道的位置、走向；在街河平行的地段应疏通连接街道与河道之间的巷弄；在街河相交的地段应重点保护历史桥梁，修缮桥堍的历史地标建筑，以强化街河关系。

第三章 古镇今貌

历史文化城镇往往保存着由于过去历史上的繁荣而形成的面貌，大多不适合于现代生活所追求的居住舒适性和生产活动的高效快节奏。所以，对历史城镇的再利用并不是让它去重新承担一个普通城镇现代化生产生活的功能。而是应当注入更多的精力进行历史文化的再挖掘，使它除了能够作为一个城镇整体保持居民的生活完整性之外，还能在更广大的城市区域内发挥出独特的文化功能，从而为整个城镇的可持续发展注入活力。

以前我们的历史城镇修复设计，主要是针对物质性建成环境的保护修缮，对于保护之后，这些建筑环境如何使用并没有作出相对明确的规定或引导。而有些地方管理部门出于经济动因，往往将旅游开发经营权承包给开发商来自主安排这些历史环境中的商业旅游功能。这种局面导致了很多历史城镇大搞商业营运，超限接待游客。在这里，我们不否认与旅游紧密结合的历史保护常常会走向畸形，甚至出现歪曲传统文化精神以迎合商业消费趣味的现象。但同时应注意到，这样的局面往往是由于物质层面的规划设计并未对其中的文化活动作出引导，在政府管理层面又没能制定明确的依据来管理限制这些不良的发展倾向，把文化抉择的难题留下空缺，让那些以利润为先的开发商、承包商来答卷，又怎能确保其中的文化不变味呢？

一、保护与利用的“四性五则”

1. “四性”

原真性：保护历史文化遗存真实的历史原物，保留它所携带的全部历史信息。整治要“整旧如故，以存其真”；维修是使其“延年益寿”而不是“返老还童”；修补要用原材料、原工艺、原式原样以求达到原汁原味，还其历史本来面目。

新场的“第一楼”和“中华楼”两幢重要的历史建筑（其中“第一楼”是区级文物保护单位）的修缮，在原真性上把握得就不是很好，都施行了落架大修，修好后的建筑外观崭新，全然没有了岁月留下的痕迹。而且为了满足经营和展示的新功能，改变了原建筑沿河轩窗四敞的茶楼景象，令人遗憾。

整体性：历史文化遗存是连同周遭环境一同存在的，保护不仅要保护其本身，还要保护周围的环境，特别对于水乡城镇而言，要保护其整体的聚落环境，才能体现出历史的风貌。整体性还包含其文化内涵形成的要素，如水乡城镇就应包括居民的生活及与此相关的所有环境对象。

如水乡城镇河道水质的好坏就与周边河网的贯通很有关系，僵化地在镇区的河口设闸，为美化视觉而抬升水面，却忽视了水体的自然流通，就是属于缺乏整体性的做法。

可读性：就是在历史遗存上应该读得出它的历史，要承认不同时期留下的痕迹，不要按现代人的想法去抹杀它，大片拆迁和大片重建都不符合可读性原则。

在新场，从后市河长长的石驳岸就可生动地读出唐宋元明清的历史印记：那些紫红色的条石，是武康石，属火山岩，疏松且有气孔，大多为元代以前的遗物；青灰色的石头是石灰岩、水成岩，明代使用较为普遍；到了清代以后，加工石材的工具和技术愈加成熟，便能够开采和打磨更加坚硬致密的石材了，所以颜色发黄的花岗岩，一般来说是清代以后的了。

永续性：保护历史遗存是长期的事业，确定了就应该一直保护下去，没有时间限制。一时做不好的就慢慢做，我们这一代不行下一代再做，并加强教育使保护事业持之以恒。

新场历史上沿后市河成片的跨河私家花园，是它的突出特色。这是迄今为止我们见到的水乡古镇中极具特色的布局，如果能够将这些花园都细心地修复出来，一定是水乡古镇中首屈一指的。但是因为目前收集到的历史资料还不完全，这些花园该怎样修还有争议，那就先不要急于动工，等研究清楚了再干。所以到现在新场最精彩的部分还没有动。在城镇保护中耐得住寂寞，不急功近利，才是永续发展的保护精神。

2. “五则”

进行历史城镇保护设计的时候，不必“谈旅游而色变”，而应当有序地把旅游发展纳入保护措施中，使旅游发展计划更真实贴切地反映出保护性设计的主旨，即保护规划与旅游策划相结合的设计方法，并始终坚持五项原则：

突出特色原则：强化历史保护对象的特色并丰富和拓展文化内涵。对新场古镇而言，在深入挖掘原住居民文化和海塘海盐文化内涵的基础上，将新场的实体元素——街巷、老宅、花园等与不同的文化主题相结合，赋予其新的功能，恢复古镇活力。

新场古镇河道水质的好坏与周边河网的贯通很有关系

保护利用原则：策划应以资源保护为前提，合理开发，做到旅游资源的开发利用和生态环境保护、人文社区稳定相协调。保护下来才能合理利用，利用得当才是有效保护。

市场导向原则：以市场需求为导向，根据新场水乡古镇的区位优势和资源特色，明确目标市场，再从群体属性、心理图式、旅游消费行为三方面对重点目标市场群体进行分类概括，并将旅游项目策划和旅游产品相组合。

整体协调原则：策划中追求整个社区（旅游区）的风貌协调。在古镇核心区，项目策划注意结合利用原有民居旧宅，功能上恢复历史上曾有的商埠老字号，形态上注意保持原有的水乡古镇街巷和河道的空间格局；在核心区外的其他区域，则注意与古镇的田园背景相融合。

可持续发展原则：处理好开发与保护、近期与远期的关系是新场古镇旅游业能否实现可持续发展的基础。因此规划在考虑经济效益的同时，还要兼顾社会效益和环境效益，避免急功近利的短视做法，以保证新场的原住居民社区旅游观光事业得到可持续发展。

二、“跨水为园”的胜景重构

新场大街中段西侧“前店后居跨水为园”的格局，是整个新场古镇迥异于其他水乡古镇的特有形态，加上东侧前店后住的近似对称格局，形成了非常完整而独特的横断面：私家花园——市河（桥、水埠）——三至四进宅院——沿街店铺——老街——沿街店铺——三至四进宅院——后街。

新场老街中段商业文化空间暨“原住居民传统生活空间精华展示区”的设计是以体验和感受性参与为主。要点是沿街商业文化空间的修复、民居宅园的文化主题注入和跨河花园带的历史环境修复。

街河平行，前店后住

（花园－河－屋－街－屋：以街道为中心向两侧发展，兼有水陆便利，建筑稠密）

新场老街中段特色建筑空间示意图

1. 建成环境修复设计

设计时，我们将老街两侧的街坊，包括市河和花园，都作为一个整体空间来考虑。沿街第一进店铺建筑大多建议恢复传统的店铺字号。

店铺之后的原有居住宅院则更新为商业性、文化性的公共服务功能与居住功能的复合体，如民间技艺的展示、传统手工制品的产销一体、民间说唱曲艺的表演等，同时保留一部分原住居民的家居生活。在提炼、浓缩上海乃至江南地域文化特色的基础上，为该区内大量保存完好的民居宅院注入地方文化主题，形成高品质的博物馆、特色作坊、民居客栈等。

在建成环境上重点恢复新场特有的“前店

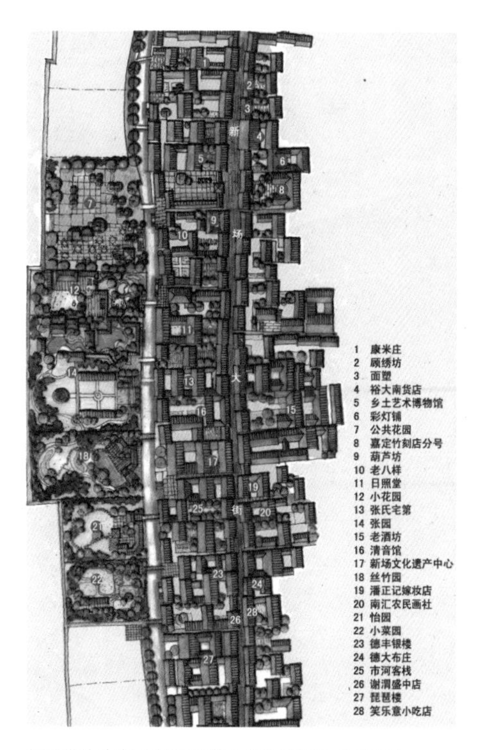

新场老街中段原住居民商业文化空间设计示意图

后居跨水为园”的格局，在后市河西岸形成一条完整的休闲小花园带，修复不同主题宅院的后花园。这些后花园着意设计成各有特色富有情趣的场所，并突出居家田舍的景色风情。（关于这些花园具体该怎样设计怎样修，目前还存在着一些疑虑和争议，当务之急是通过规划将花园区的用地控制出来，确保不被其他用途所占用，为今后花园的修复提供用地保障。）

2. 商业文化空间设计

“原住居民传统生活空间精华展示区”的意义正是通过这种公共性的商业开发得以展示出来：一方面，将传统的纯居住空间转化为半公共空间，人们就可以畅通无阻地穿行游览，去观赏这些曾经富甲一方的商宦宅第，欣赏江南传统民居建筑艺术，领略古镇原住居民的生活情趣；另一方面，那些源自本地区的民间文化的生动集中展示，在这些传统空间和建筑艺术中得以相互辉映，互为依托；再者，物质性的建构筑物因为其中的商业文

商业文化空间

化经营活动而获得修缮保护的资金保障，同时也在经营过程中得到被人们认知的机会；而那些本来广泛散存于民间的无形的文化技艺则找到了安身立命的稳固场所，并在经营中不断探索更加适应现代化生活的新形式。

规划在沿街面恢复的老字号店铺主要有：康泰丰米庄、裕大南货店、张信昌绸布店、潘正记嫁妆店、德丰银楼、德大布庄、谢渭盛烟纸店、笑乐意小吃店等。新增的与店铺后宅院相结合的商业文化设施有：顾绣坊、面塑堂、彩灯铺、竹刻店、葫芦坊、老酒坊、丝竹清音馆、南汇农民画社、琵琶楼等。建议开设一些由原住居民经营的旅游服务设施，如民居客栈、茶楼书场等；另外还增设了少量公益性质的博物展示场所，如乡土艺术博物馆、文化遗产展示中心等。

电影《色·戒》在新场取景拍摄老上海场景，那些拍摄时作为牌匾招幌的布景道具至今还保留在老街上，而且成为"《色·戒》拍摄地"的新景点。这种借助影视作品拍摄来提升旅游、打造景点的做法，虽也无可厚非，但我们仍希望古镇的发展能够为老街带来真实的生活和经营业态，而不仅仅停留在舞台布景上。

三、“煮海熬波”的历史再现

南汇地区成陆后即为盐场，如今境内纵横笔直的河道正是当年盐业产销所特有的灶门港、运盐河的遗存，而新场镇的镇名也是因元代下沙盐场东移，建成新的盐场而得名的。作为当年两浙地区遗留下的盐业重镇，海

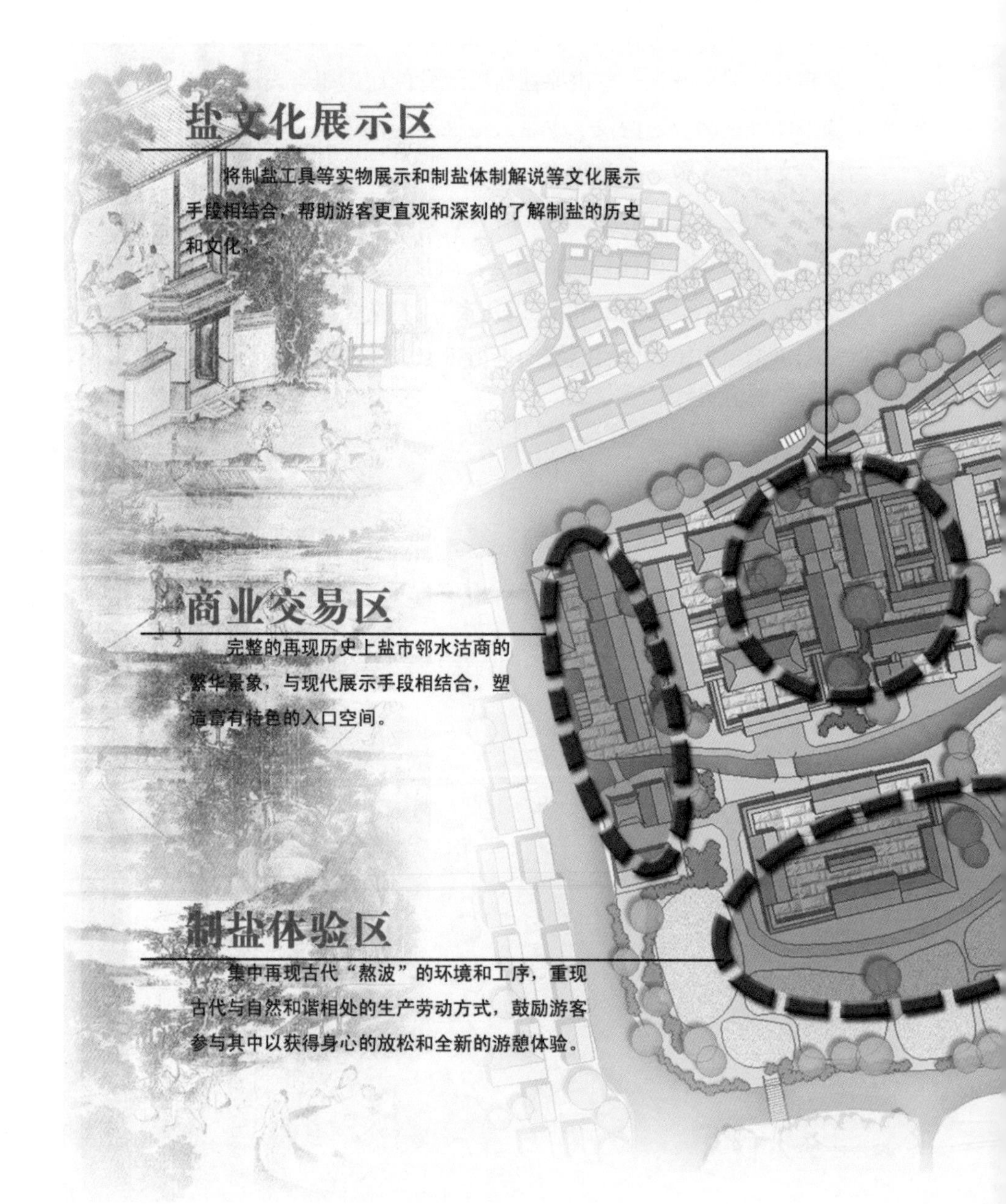

熬波园区域规划图

盐文化是新场最突出的历史和地域文化特色。

因此，在新场古镇选择合适的场所将历史上“煮海熬波”的古代盐文化进行再现，能够让今人充分体会古镇走过的沧桑岁月，帮助人们感受历史的脉动，“熬波园”暨新场海盐文化展示区的创意便由此而来。

特色居住区

重塑历史上盐商大户和普通盐民的生活空间，提供高档和野趣并存的居住环境，满足不同游客的需要。

1. “熬波园”策划的缘起

我国古代将煮海制盐的生产技术俗称为“熬波”。关于“熬波”历史上记录最详尽的当属元代盐运司署副使陈椿所著《熬波图咏》。当时陈椿正在现今下沙盐场做官，书中所记录的制盐工序和当时人们生产劳作的场景生动有趣，充分反映了古代劳动人民的智慧。这些历史的精华虽然由于种种原因已不复存在，但它所蕴涵的巨大文化价值永远是新场古镇历史的重要组成部分。

在“熬波园”中将再现传统盐业产业链，包括盐的制造、保存、运输、商贸，甚至盐业的管理机构——盐署；采取生动真实的实物展示方式再现制盐工序，让人们能够完整全面地了解海盐是怎样制造出来的。熬波园的设计目的在于还原历史，展示盐文化，同时满足人们现代旅游休闲的需要。

2. “熬波园”设计方案

据史料记载，煮盐须开沟漕引咸潮，由于滩涂地不断东延，盐灶也随之外移，于是原来引咸潮的沟漕，疏浚加深以运盐，久之成为川港。随着盐业衰落，农业兴起，这些原为盐业服务的沟漕，便成了灌溉、交通用的大小河道。

规划疏通原来淤塞的河道，使本区成为一个水环中相对独立的主题文化区，分别以海塘水利和熬波制盐为主题，策划“石笋滩”和“熬波园”两个文化展示项目。在东侧近东横港处，引水疏浚开渠，展示古捍海塘旧貌；中间主水渠分隔石笋滩和熬波园，两区既互相联系又能保证各自的独立性；西侧靠近老街处依历史记载设水上河市，展现水乡特色的水上交易传统。

熬波园设计主要分为展示区、制盐体验区和休憩区三部分。

展示区：

展示区由盐市、衙署和盐商会馆组成。

盐市作为熬波园主入口之一，和水市遥相呼应，体现古代水乡商贸交易的景象，同时紧扣盐文化的中心，通过商铺、戏台和盐仓构成主题鲜明的环境场所。衙署是古代盐业的重要组成部分，这里将建设为小型的盐文化博物馆，展示制盐工具及相关的文献资料等，还可采用现代科技手段，如环幕影像等，生动地再现古人制盐的情景。盐商会馆将逼真地重现盐商当年买卖议事的环境。

制盐体验区：

制盐体验区由制盐工艺展示区和盐田组成。

制盐工艺展示区模拟古代制盐场的真实环境，人们可以亲身参与体验制盐的过程。而环绕四周的盐田不仅是为了模拟当时的情景，也将田园风景自然地引入。

休憩区：

休憩区由衢家花园和盐民村组成。

衢家花园为原来盐官私宅，对它的再现可以反映出当时盐官的生活情况。而东侧与之呼应的盐民村则再现当时劳动人民的生活场景。同时衢家花园和盐民村还兼具住宿功能，可为游人提供不同风格特征的住宿选择。

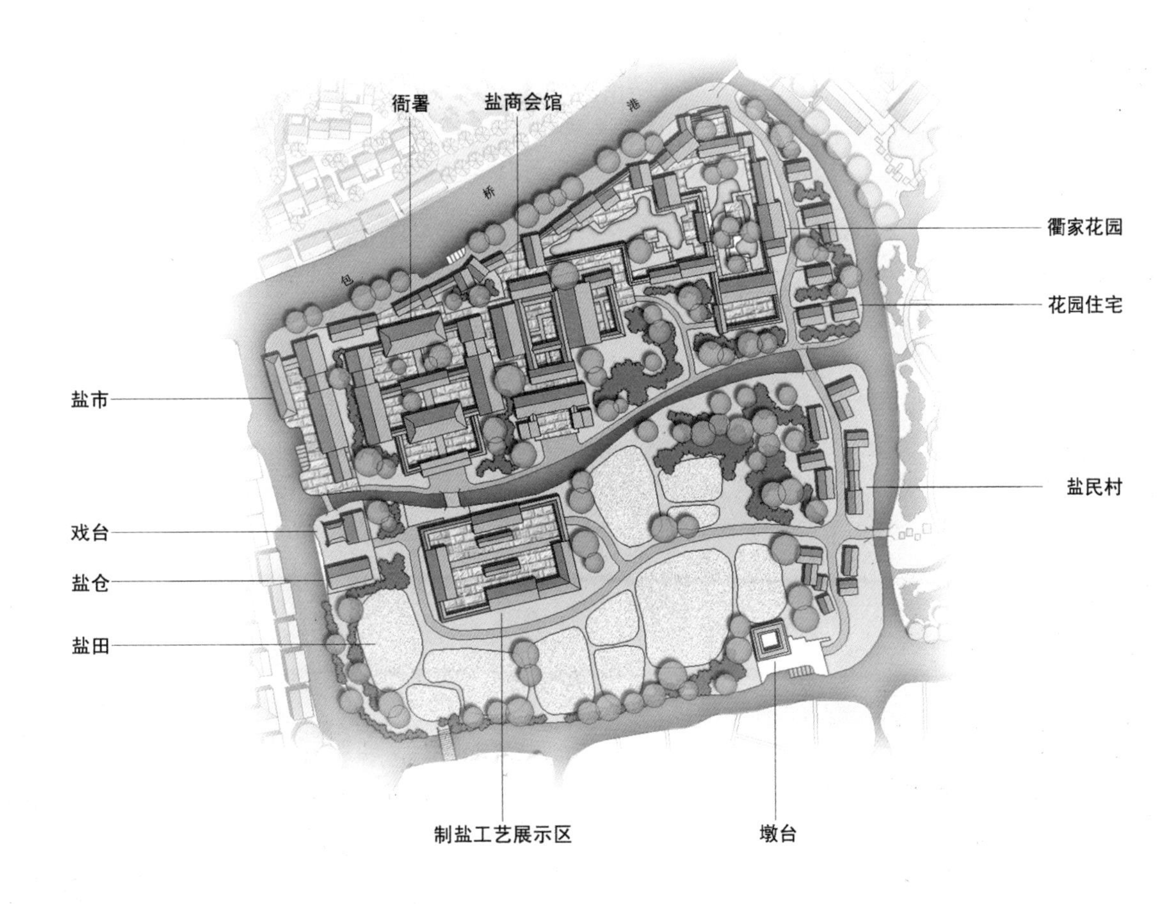

熬波园设计方案图

當
王順泰米號
藥

四、“赛苏州”的市镇意境还原

1. 十三牌楼九环龙

“十三牌楼九环龙”原是历史上人们对新场古镇内牌坊林立、桥梁（特别是拱桥）众多的水乡商埠风貌的赞美之词（当然，其中的“九”、“十三”并非确指牌楼和拱桥的数量，而是寓意数量众多）。“十三牌楼九环龙”作为新场古镇重要的历史特色构成要素，在古镇居民心中具有强烈的家乡自豪感，在上海郊县城镇中也具有广泛的知名度，是古镇繁荣胜景的重要见证。

三世二品坊旧影

古牌楼考证

古镇较为有名的牌楼是明代的十几座牌楼。其中有功名坊两座（世科坊、三世二品坊），崇文励志的牌坊三座（贡元坊、兴文坊、儒林坊），节孝坊一座（旌节坊），官坊一座（莅政坊），街巷牌楼六座（熙春坊、余庆坊、中和坊、兴仁坊、安里坊、清宁坊）。至清代镇内外又建了十多座牌坊，大多为贞节坊。如今，除世科坊、三世二品坊外，其他牌楼已废除湮没，具体位置难以考证。

三世二品坊：明万历年间太常寺卿朱国盛为其家三代都有二品官而在新场镇中心市街口建“三世二品”坊一座。坊身宽广高耸，额题“九列名卿”，左曰“七省理漕”，右曰“四乘问水”。横跨中市大街，牌楼上有佛像、车马舟桥、石链条、石算盘和镂空石笼鸟等精美雕刻。“文革”中被拆除。

世科坊：为明代隆庆丁卯（1567）举人倪英甫、万历甲午（1594）举人倪家允父子所立，今只存南侧石柱，位于张叶弄与洪西街交叉口西侧。

世科坊残柱

千秋桥今貌

古石拱桥考证

“环龙”是新场人对拱桥的别称。从元代至清代，古镇周围先后共建有十多座石拱桥。这些拱桥散布于闹市大街和庙宇田间，形态优美，与古镇内外的众多水系相得益彰。

义和桥，俗呼王况桥，因桥畔原建有白虎庙，又称白虎庙桥、白虎桥，位于洪西街白虎庙港，建于元至正年间（1341—1368），明万历年间（1573—

1620）重修。建国后拆除桥面，今存环龙残骸。

洪福桥，简称洪桥，位于大街北市，跨洪桥港，建于明正德年间（1506—1521），乾隆壬寅年（1782）重修，石级环龙桥，1958年为便利小车辆通行，于石级上浇筑两条水泥行车道，1960年拆除环龙结构，砌成石平桥，1964年改建成水泥平桥，1982年改建栏杆。

千秋桥，原名仗义桥，又名八字桥。位于洪东街东端，南六灶港口北侧，清康熙年间（1662—1722）建，乾隆丙午年（1786）重建，同治癸亥年（1863）

重修。日伪时期，桥顶建虎堡，桥面损毁严重。1983 年由镇城建部门整修，为原南汇区文物保护单位。

玉皇阁桥，位于东横港南口，原石环龙桥，乾隆丙子年（1756）重修，同治庚午年（1870）再修，光绪己亥年（1899）再修，民国二十年（1931）再修，抗战时桥上半部毁，胜利后改为木板面，1969 年改建为水泥板桥面。

牌坊与拱桥的修复研究

“十三牌楼九环龙”作为新场的重要历史特点，多已毁坏不存。为了反映古镇这一突出历史风貌，又不因重修古迹而损害古镇其他重要建筑物的原真性，“十三牌楼九环龙”的修复应遵循“不以数量取胜，但以内涵为本”的原则，在已经没有桥梁历史遗留构筑物的跨河街道却又有助于体现水乡风情的位置，修建或搬迁几座环龙石拱桥，在重要的街道景观节点和庙宇附近恢复几座牌楼。桥梁和牌楼的具体修复建设安排为：

千秋桥：参照文物保护的具体要求，参照历史图片文字资料将桥上的水泥栏板换成石栏板，并整治桥周围环境。

白虎庙桥残骸：由于白虎庙桥（义和桥）周围已全是工厂和新居住区，不利于这一古镇历史最长的石拱桥遗迹保护，适合移地保护。建议设在洪桥港的西仓桥处，此处北邻

根据历史考证重建的洪福桥

张叶弄的世科坊，南接待修复的旅游景点王家花园，洪桥港此处的宽度和地理位置均与原白虎庙桥相似。

洪福桥：因其桥墩还在，且处于“第一楼”茶园这一重要的景观节点位置，宜参照历史图片文字资料全面恢复成石拱桥。

玉皇阁桥：位于郊外东横港向大治河口的重要田野景观和历史景观（鹤坡道院）旁，且东横港有一定的通航要求，宜结合目前的桥墩恢复原石拱桥。

三世二品
九列名卿
七省理漕
明萬歷太常寺卿朱國盛立

众安桥：由于此桥位于较偏远的乡村，仅剩环龙残骸，原址保护的难度较大，意义甚微，可搬迁至后市河南部，南山寺后银杏树西侧，与西侧的古镇旅游入口广场和南山寺相连。此处林木茂盛，处于由田野向水乡古镇的过渡地段，景观优美，宜建拱桥，同时也符合此处南部不远处原有扬辉桥的历史。

保佑桥：由于文物保护以原地保护为最佳选择，只有当原地保护已不可能时才可异地搬迁保护。此桥如需搬迁时，可安排在包桥港与后市河的交会处，此处作为重要的景观节点，已有三幅平桥太平桥、梯形石级桥受恩桥，再加上此一拱桥，可大大加强这一位置的景观节点作用。

世科坊和三世二品坊：

宜参照历史资料在原地恢复，而其他牌坊的具体位置很难考证，新建的牌坊主要是根据牌坊的功能特点和景观需要而建。可在洪西街西入口和新场大街南入口设立牌楼作为传统的陆栅口，城隍庙前则宜新建一座牌楼，作为城隍庙入口，另外在新场大街闵家湾这一次要景观点处设一街巷牌坊。这样加上已有的两座牌坊（“石笋里”和“北栅口”），古镇区内共计将有八座牌坊。

由于桥梁和牌楼的选址都在重要的景观节点位置，虽然经规划研究后只予以恢复八座牌坊和六座环龙拱桥，古镇区“十三牌楼九环龙”的风情也能够得以展现。

2. “笋山十景”竞相吟

新场初成陆时，因现受恩桥西之石头湾中长有石笋，故被称为“石笋滩”

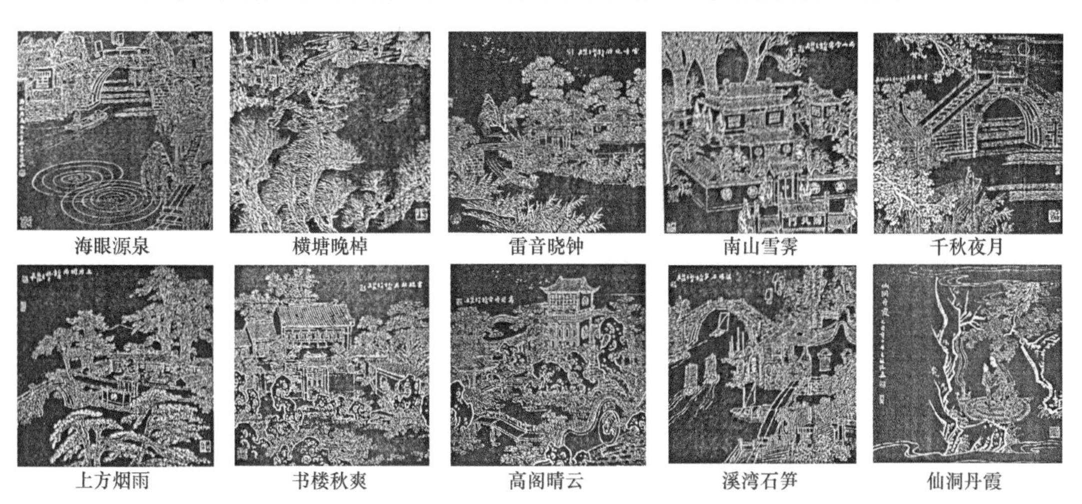

“笋山十景”拓片（图片来源：新场历史文化陈列馆）

或“石笋里”。虽然在宋朝因新迁盐场于此而改为现名，但“笋山”作为新场的雅号却一直保留至清末。古镇民阜物丰，河川秀美，“笋山十景”即是对分布在镇区内外的10处自然佳景和古迹名胜的统称，不仅表现了新场的秀美风光，更集中体现了新场的历史源渊和人文内涵，成为古今文人骚客竞相作文吟诗的对象。

历史和现状

“笋山十景”包括“溪湾石笋”、“书楼秋爽”、“雷音晓钟”、“横塘晚棹”、“仙洞丹霞”、“海眼源泉”、“高阁晴云”、“上方烟雨”、“千秋夜月”、“南山雪霁”10处景致。

“溪湾石笋”是指位于包桥港之西部石头湾中的数根石笏，其形酷似竹笋，是新场“笋山”得名的由来。但石笋现在已荡然无存，只在新场镇新西二队斜桥下还有三磨漾，即曾是石笋残留之处。

“书楼秋爽”是指位于镇上洪西街上的康熙朝忠臣叶映榴故宅之池上楼。楼坐北朝南，前临碧池，有佳木如林。叶氏殉节后，每逢秋日高爽时，镇内外文人常登临此处，观赏皇帝赐墨和诰敕书帖，赋词作诗，风雅称于一时。现在池已经平掉，楼尚在，林木无存。

“雷音晓钟”是指位于洪西街西洪桥港北的雷音道院，每当拂晓由院中传出的钟声，冲破晨曦之宁静，给人以悠扬自得之感。现寺已被拆改作工厂，只有寺前的雷坛桥尚在。

“横塘晚棹”是指位于镇东的横塘港，旧时支流众多，渔人傍晚时分打鱼归来，叶叶扁舟高挂渔网，沐斜阳徐徐划桨而归。河上波光荡漾，岸上柳丝芦荻笼于暮色之中，景致迷离。现在横塘港两侧大部仍为农田，保持自然风貌，虽打鱼之人已无，但也时有小船划过，泊于王家弄支港。

“仙洞丹霞”是指位于镇北永宁教寺后原有一穴洞，相传为麻姑仙子现身处，其址清雅幽僻，丹枫垩壁，月夕风晨，掩映如霞。现寺、洞均已无存，景致不再。

“海眼源泉”是指镇南原扬辉港与新港交汇处，时有旋涡似泉涌，饶有情趣，令人驻足细视，兴而忘返。现在扬辉港凿成大治河，已无此景。

“高阁晴云”是指原位于现新场镇老政府的康建鼎别墅，内有螟巢园，园中之天香阁高耸，突于半空，气势挺拔，每有晴云飘浮而过，景色迷人。园早毁，阁无存。

“上方烟雨”指位于镇北的北山寺后之上方山，雨中远处眺望此山，一片苍茫烟雨景色。现今该处似坟墩，长满芦青。

“千秋夜月”是指位于洪东街东首横跨东横港的千秋桥，桥身高广，半圆形环龙桥洞与水中倒影合而为一。月圆之夜登桥，天上水中之月宫蟾影，浑然一色，对影成三，令人留恋。现在桥保存完好，是“笋山十景”中唯一保留原貌的一处。

“南山雪霁”是指位于镇南平野之中的南山寺，每当雪止初晴之际，寺院红墙披雪，路似断，叹为奇观。现寺已扩建一新。

风貌再现

随着历史的发展，“笋山十景”多已湮没不存，但其体现出来的传统审美取向仍然应为后人所珍惜和借鉴。在新场古镇发展到今天，作为浦东唯一保存完整的水乡古镇，根据现有的条件，适当恢复“十景”中的几处景致，既是保持发扬新场特色的有效手段，也是在新时期发展旅游经济的一种策略。

根据现存历史环境的状况，规划确定重现“笋山十景”中的七景，分别为：千秋夜月（千秋桥）、书楼秋爽（洪西街御书楼）、高阁晴云（日照堂）、横塘晚棹（东横港——包桥港以南）、南山雪霁（南山寺）、海眼源泉（南栅口）、溪湾石笋（包桥港——近后市河）。

“千秋夜月”，既是“笋山十景”的组成部分，也是“十三牌楼九环龙”的组成部分，基本保存完整，需重点整治桥周围的建筑和自然环境。

“书楼秋爽”，此处景观是新场镇内洪西街上重要的人文资源，

修复后的洪福桥远眺

作为名人故居叶映榴宅的一部分，其楼阁——御书楼尚存，可以根据历史资料，恢复楼前的一泓碧水，楼北空地植碧桃翠竹，楼上可作新场文人雅集活动的展示，并与前面的宅院进行联系，可成为新场重要的文化景观。

“高阁晴云”，此处景观位于新场大街西，后市河东，周围是张沛君宅、张信昌宅等特别精致的大宅院，建筑屋面曲线优美。而此处又被20世纪60、70年代所建预制板楼占据，将其拆除后，结合现有的张氏别墅住宅，进行精心布置，重新恢复成具有民国初期风格的江南园林，并在假山上构建二至三层高阁，晴日登临，俯视周围一至二层的古民居当别有趣味。

“横塘晚棹”是一幅“渔家乐”的动态景观，虽然渔业早已消歇，但横塘港两岸的自然风光依旧，可结合今旅游业，把通过横塘港出入古镇的部分游船改装成“渔船”，让傍晚的游人乘船回到游客集散码头，这可以说是恢复“横塘晚棹”的最佳方案，需要做的是将王家弄沟和南山寺东侧田野中的横塘港支流进行恢复整理，使之成为小船停泊入镇的重要水路。

“南山雪霁”，主要是自然节气景观，应注意在南山寺部分殿堂恢复重建时保持周围的农村田野风光，使雪霁景致有迹可寻。

“溪湾石笋”，作为新场“石笋里”、“笋山”别名的由来，虽然已不存，但将其恢复仍有重要的意义。可根据景观的需求，在河湾处布置几处笋状礁石，模拟原来的景致。这一地带位于三桥二河相映的中华楼节点，恢复这一景致有助于加强景观效果。

“海眼源泉”，虽已不存，但现在南山寺前的大治河东通大海，杉林夹岸，自有一番浩荡气派，于现在后市河与大治河交界处利用现代喷泉装置模拟泉涌之状，恢复海眼源泉，可为南山寺平添几分佛国圣意。

“笋山十景”中，以上恢复的七处，都是结合原有景致的现状进行恢复，以促进旅游业的发展和维护古镇的水乡风貌为主要目的。其他三处，由于建筑和环境均已不存，难以复原，且与镇区相距较远，拟不再考虑。

五、今日新场——保护修缮纪实

2003年7月，原南汇区人民政府成立了区级层面的保护协调机构——新场古镇保护与开发领导小组，下设专门的保护管理机构——新场古镇保护办公室。同年，委托上海同济城市规划设计研究院和同济大学国家历史文化名城研究中心开展新场古镇保护规划的编制。自此古镇的保护工作正

式拉开序幕。

2005 年，《新场古镇保护与整治规划》编制完成并经区政府审批通过。同年，新场古镇作为上海市郊区历史文化风貌区规划研究的试点单位，率先开展风貌区控制性详细规划层面的规划研究。并于 2006 年 11 月，通过了由上海市规划局主持召开的规划评审会。2007 年 7 月，在新场镇宣传栏开展规划公示，收集各方意见并进行相应修改。2008 年 5 月上报上海市政府。

自 2005 年以来，新场镇年均投入保护维修资金 7000 万元，用于古镇道路及市政管网工程、水系环境整治、街道立面修缮、古宅院落修缮和非物质文化遗产的挖掘保护等。

古镇的保护修缮是一项长期而复杂的工作，以下记录的是从 2005 年以来古镇面貌变化的点点滴滴：从街道铺装的改换，到水系环境的治理；从历史建筑的维修，到景观障碍建筑的整饬；从古石拱桥的修复，到新石牌楼的树立……在古镇整体面貌日渐改观的过程中，有令人称赞的周全考虑，也有举措不力带来的种种缺憾。

对我们而言，密切关注古镇改变的每一小步，分析其中的对错得失，为今后的工作一点一点积累经验，这是规划设计人员在工程实施的过程中应该做好的后续工作。

洪桥地段街景（整修前）

洪桥地段街景（整修后）

1. 街景环境的整修

洪桥地段街景（整修前）

洪福桥，新场人简称“洪桥”，位于洪桥港与新场大街交会处，是新场古镇历史上最为热闹的商业中心，其东南桥堍是著名的“第一楼”茶园。洪福桥始建于明代，原为石拱桥，是古镇历史上重要的环龙桥之一。20 世纪 60 年代为便利交通，改建为水泥平桥。

洪桥地段街景（整修后）

本次整修根据历史照片将洪福桥复原为石拱桥，加固了石砌驳岸，对桥堍周边建筑外观进行了历史修景，并着重修缮了区级文保单位“第一楼”茶园。

洪桥街街景之一（整治前）

洪桥街街景（整治前）

洪桥街位于镇北，是与洪桥港平行的生活性街道，沿街建筑均为传统民居。目前大部分建筑仍维持居住功能，故居民对沿街建筑立面没有进行较大的改造，只是随着使用年限的增加，日趋老化破损。

洪桥街街景之一（整治后）

洪桥街街景（整治后）

街景整治的主要措施是: 更换门窗为古式，墙面重新粉刷，修复破损的屋顶瓦檐。

洪桥街街景（整治前）

现存街景局部缺乏连续性；管线入地后安置于墙上的集中电表箱视觉略嫌突兀。

洪桥街街景之二（整治前）

洪桥街街景（整治后）

通过架设连续屋面，保持内外畅通的墙门间做法，加强了街道景观的连续性；墙上的电表箱采用木罩面装饰，取得与传统风貌的协调性。

洪桥街街景之二（整治后）

洪桥街街景之三（整治前）

洪桥街街景（整治前）

洪桥街在整治前，以居住生活性街道为主，历史上的商贸往来、仓栈货坊的经济服务功能早已退化。

洪桥街街景之三（整治后）

洪桥街街景（整治后）

经过整修工程，不但建筑外观破损处得到修复，建筑内部结构得以加固，生活设施有所增添，建筑的使用功能也将与街道整体的文化发展定位相呼应，因此建筑沿街立面调整为更加开放的脱卸式门板。

洪桥下塘街街景（整治前）

整治前呈现普通居住社区的面貌。

洪桥下塘街环境（整治前）

洪桥下塘街街景（整治后）

整修后，局部段落增设了廊棚，沿街建筑立面更加开放。

洪桥下塘街环境（整治后）

后市河中段两岸环境（整治前）

2. 河道环境的整治

后市河中段两岸环境（整治前）

后市河中段是新场古镇沿河历史建筑保存最好的部分，一侧是山墙起伏宅第比邻，另一侧曾经是历史上最有特色的花园区，可惜早已被毁，如今为各种搭建的简易民房取代。

后市河中段两岸环境（整治后）

后市河中段两岸环境（整治后）

拆除河西岸的违章占道建筑，开辟防汛通道，修葺驳岸，沿河植树；修缮河东岸的历史建筑，包括修补粉刷外墙，更换木制窗格，修葺屋顶，山墙改作新场特色“观音兜”样式。

洪桥港东段环境（整治前）

为调控古镇区内的河道水位，水务管理部门曾在洪桥港东头安设水闸，大大缩窄了历史河道，且周边多处翻建改建房屋与传统风貌不协调。

洪桥港东段环境（整治前）

洪桥港东段环境（整治后）

通过景观分析，按照规划设计方案，在水闸上部增建了跨河廊桥，并与两岸的廊棚相接，形成较完整的水乡河道景观。

洪桥港东段环境（整治后）

洪桥港驳岸（整治前）

洪桥港驳岸（整治前）

建国后至20世纪80年代对驳岸陆续进行修补，使用当时建造块石堤坝的方式，改变了传统的水乡条石驳岸样貌。

洪桥港驳岸（整治后）

洪桥港驳岸（整治后）

通过整修，恢复了传统条石驳岸的砌筑方式，石制雨水排放口、系船缆石、沿岸石栏凳和地面铺装都采用了传统样式。

洪桥港西段环境整治前后

洪桥港西段环境（整治前）

洪桥港西段环境（整治中）

洪桥港西段环境（整治后）

前院

入口

“信隆典当”（修缮前）

3. 历史建构筑物的修缮

“信隆典当”（修缮前）

清光绪年建信隆典当，位于新场大街367—371号，原四进，抗战中门面毁，修缮前曾用作工人俱乐部，后空置，建筑较破旧，部分构建损毁腐坏。

前院

入口

“信隆典当”（修缮后）

沿街环境

“信隆典当”（修缮后）

“信隆典当”修缮后作为新场历史文化陈列馆。修缮不仅涉及建筑内部维修和天井院落整理，还包括修建入口，重建前院围墙，整治沿街环境等。但新建入口门楼的手法较为生硬，高宽比例失调，灰塑略嫌粗糙，因而缺少了历史感。

沿街环境

包家桥（整修前）

包家桥位于包桥港与新场大街交会处，是与镇北洪桥相呼应的镇南传统公共中心，其西南桥堍有“中华楼”书场。整修前桥墩尚为历史原物，桥面桥栏早已翻建。

包家桥（整修前）

包家桥（整修后）

整修主要是对桥墩砌石进行加固，修补破损缺失的部分；桥面板和护栏更换为青条石。由于整修时注重对桥体尺度和周边建筑环境的协调，故对桥面提升和栏板高度都把握得较好。

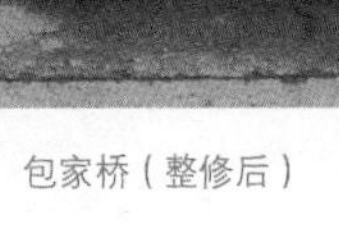

包家桥（整修后）

“中华楼”书场（修缮前）

该建筑从 20 世纪 50 年代以来一直被用作居住建筑，所以对内部改建和分隔很多。

“中华楼”书场（修缮前）

“中华楼”书场（修缮后）

对居民搬迁安置后，“中华楼”重新成为古镇南段的桥头地标建筑。修缮的重点是对临河界面和内部空间的重新整理，加固了青砖驳岸，原来被搭建房屋所掩埋的单边水埠头也得以重见天日，沿河立面是连排的长窗，内部恢复为完整敞亮的茶馆空间。

“中华楼”书场（修缮后）

“第一楼”茶园（修缮前）

修缮前建筑外墙和板壁破损较为严重，内部设施老化，但因收费低廉，是全镇老人最爱光顾的地方。故茶馆的功能一直延续了下来。

“第一楼”茶园（修缮前）

“第一楼”茶园（修缮后）

由文物部门进行了整体大修和内部的装潢，改善了内院环境和厨卫设施，沿河的街廊上加设了美人靠。入口楼梯部分发生了变动，主要是因为洪桥由平桥恢复为拱桥后，桥头的地坪比原来街廊和建筑一层室内都高出了许多。

“第一楼”茶园（修缮后）

李锦章宅门前雕花（修复前）

李锦章宅门前雕花（修复后）

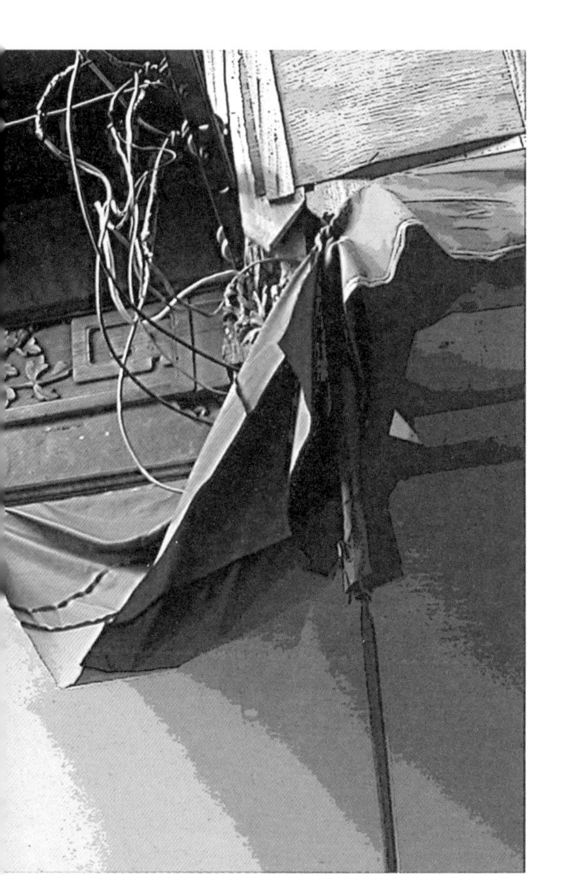

李锦章宅门前雕花的修复

李锦章宅沿街立面主入口上方，本应是雕花的位置用纸筋灰涂抹住，但边角上脱落的地方，却隐隐现出精美的木雕花饰。这种情况在新场许多老宅的砖雕仪门上也有。据镇上的居民讲，这都是在“文革”时为了保护这些精工巧艺不被“破四旧”而不得已为之的一种自发的“保护”措施。经过细致的清理，李锦章宅门前精美的雕花终于显现出来。

太平猴魁
金坛雀舌
蒼山雪綠
峡州碧峰
華頂雲霧
莫干黃芽
茉莉花茶
午子仙毫
信陽毛尖
西湖龍井

SECOM

第一樓
422

第一樓

结 语

从 2003 年古镇保护正式提上日程，至 2013 年恰 10 年光阴，古镇上每一条管道的改造，每一次河道的整治，每一座古宅的修缮，每一家老街店铺的开张……都在不知不觉中改变着新场人的生活，也日渐深入地影响着新场之外的人们对它的关注。

今天的“新场”，不再是东海岸边著名的盐场，而是老浦东原住居民生活的家园，更是大上海都市中一片新的文化发展空间！

致 谢

感谢上海同济城市规划设计研究院对本书出版的支持；感谢东方出版中心领导对本书价值的认可和推崇，尤其要感谢戴欣倍编辑为书稿付梓出版所付出的努力和辛劳。

感谢新场镇政府历任干部胡志强、胡力平、夏煜静、胡秋华、张宇祥、赵云德对古镇保护的支持，新场古镇投资开发公司的孙文华、缪世鸿、周建良、钱正昌、华玮给予规划研究工作的协助，新场古镇保护办公室的沈申元、倪晖、倪振宇、沈锋提供部分宝贵的历史图文资料，浦东新区规土局建管处的樊鸿伟、林庭钧、王连明对新场古镇规划和建设活动的高度重视。此外还要特别感谢上海市规划与土地管理局风貌处的王林处长以及同济大学副校长伍江教授对规划研究及实践推进的倾力相助。

感谢同济大学师生十多年来坚持不懈的调研、测绘、记录……没有他们，新场古镇难有今天宜人的景致。

感谢新场古镇朴实的原住居民，他们的音容笑貌，他们的衣食住行，点点滴滴构成了一个真实而鲜活的古镇，他们是古镇真正的主人！

参考文献

1. 费孝通著：《江村经济——中国农民的生活》，戴可景译，江苏人民出版社，1986 年。

2. 顾柄权：《上海风俗古迹考》，华东师范大学出版社，1993 年。

3. 南汇县水利局编：《南汇县水利志》，1988 年。

4.《浦东老镜头》编委会：《浦东老镜头》，上海画报出版社，2004 年。

5.《浦东新区乡土历史》编写组：《浦东新区乡土历史》，上海教育出版社，1994 年。

6. 日本观光资源保护财团编：《历史文化城镇保护》，西山三监修、路秉杰译，中国建筑工业出版社，1991 年。

7. 阮仪三：《护城踪录：阮仪三作品集》，同济大学出版社，2001 年。

8. 陈晓燕、包伟民：《江南市镇——传统历史文化聚焦》，同济大学出版社，2003 年。

9. 沈渭滨、姜鸣：《上海谭：阿拉上海人———种文化社会学的观察》，复旦大学出版社，1993 年。

10. 王瑞珠：《国外历史环境的保护和规划》，淑馨出版社，1993 年。

11. 吴贵芳：《古代上海述略》，上海教育出版社，1980 年。

12. 上海市南汇县志编纂委员会编：《南汇县志》，上海人民出版社，1992 年。

13. 张新、陈雪虎：《上海谭：浦东——新上海的一半》，复旦大学出版社，1993 年。

14. [英]R.J. 约翰斯顿主编：《文化地理学词典》，柴彦威等译，商务印书馆，2004 年。

15. 张恺、周俭：《建筑、城镇、自然风景——关于城市历史文化遗产保护规划的目标、对象与措施》，载《城市规划汇刊》，2001 年第 4 期。

16. 阮仪三、林林、邵甬：《江南水乡城镇的特色、价值及保护》，载《城市规划汇刊》，2002 年第 1 期。

17. 熊侠仙：《江南古镇旅游开发的问题与对策——对周庄、同里、甪直旅游状况的调查分析》，载《城市规划汇刊》，2002 年第 6 期。

18. 苏勤：《基于文化地理学对历史文化名城保护的理论思考》，载《城市规划汇刊》，2003 年第 4 期。

19. 张恺：《城市历史风貌区控制性详细规划编制研究——以镇江古城风貌区控制性详细规划为例》，载《城市规划》，2003 年第 11 期。

20. 朱晓明：《试论历史建筑的保护与改建》，载《新建筑》，2002 年第 2 期。

21. 上海市房屋土地资源管理局、上海市城市规划管理局：《上海历史文化风貌区与优秀历史建筑保护国际研讨会论文集》，2004 年。

22. 王骏：《历史街区保护》，同济大学博士学位论文，1998 年。

23. 孙萌：《历史街区保护的可操作性研究》，同济大学硕士学位论文，2001 年。

24. 林林：《关于文化遗产保护的真实性研究》，同济大学硕士学位论文，2003 年。

25. 劭甬：《复兴之道——中国城市遗产保护与发展》，同济大学博士学位论文，2003 年。

26. 徐明前：《上海中心城旧住区更新发展方式研究》，同济大学博士学位论文，2004 年。

27. 袁菲：《历史城镇保护中的无形文化导入研究——以上海新场古镇整体性保护为例》，同济大学硕士学位论文，2005 年。

内部资料

28.《光绪南汇县志》，新场古镇保护与开发领导小组办公室提供。

29.《古代新场民间文艺举要》，新场古镇保护与开发领导小组办公室提供。

30.《新场历史名人》，新场古镇保护与开发领导小组办公室提供。

31. 《新场镇简介》，新场古镇保护与开发领导小组办公室提供。

32. 上海南汇新场古镇保护与整治规划（评审稿），2004 年。

33. 上海南汇新场古镇旅游与发展规划（评审稿），2004 年。

34. 上海新场历史文化风貌区保护规划（报批稿），2008 年。

35.《新场古镇申报第四批中国历史文化名镇文本、照片集》，2008 年。

36.《石笋之乡倪望族》，新场镇倪辉提供。

37. 新场古宅测绘草图，新场镇倪辉提供。

图书在版编目(CIP)数据

新场古镇：历史文化名镇的保护与传承／阮仪三，袁菲，葛亮著. -- 上海：东方出版中心，2014.9
ISBN 978-7-5473-0698-7

Ⅰ.①新… Ⅱ.①阮… ②袁… ③葛… Ⅲ.①乡镇-古建筑-保护-研究-浦东新区 Ⅳ.①TU-87

中国版本图书馆CIP数据核字(2014)第174325号

新场古镇
——历史文化名镇的保护与传承
阮仪三 袁菲 葛亮 著

策划/责编 戴欣倍
书籍设计 一步设计
责任印制 周 勇

出版发行：中国出版集团 东方出版中心
地 址：上海市仙霞路345号
电 话：021-62417400
邮政编码：200336
经 销：全国新华书店
印 刷：上海书刊印刷有限公司
开 本：720×1020毫米 1/16
字 数：176千
印 张：10.5
版 次：2014年9月第1版第1次印刷
ISBN 978-7-5473-0698-7
定 价：55.00元

东方出版中心邮购部 电话：52069798